奇趣百科馆

昆虫博物馆

KUNCHONG BOWUGUAN

九色麓 主编

二十一世纪出版社集团
21st Century Publishing Group
全国百佳出版社

目录

第一章

昆虫王国

地球上住着很多很多的昆虫，它们春天生长，夏天展翅飞翔，秋天繁殖后代，冬天沉积能量。它们经历或短暂、或漫长的一生，为地球贡献着自己的力量。

奇特的
身体构造

昆虫种类繁多、形态各异，是无脊椎动物中的节肢动物，也是地球上数量最多的动物群体，它们的踪迹几乎遍布世界的每一个角落。

昆虫的脑袋

在昆虫的脑袋上有一对敏锐的复眼和若干单眼。它们的单眼只能感觉光的强弱，而复眼可以感受物体的形状、大小，并能辨别颜色。

除了眼睛，昆虫的嘴部也很特殊，它们的嘴部周围有口器，不同昆虫口器的形状不一样。

重要的触角

　　大多数昆虫的脑袋上有一个特殊的器官——触角。触角虽然不起眼，但它扮演着极其重要的角色——昆虫主要的感觉器官，有嗅觉和触觉的功能，有时还有听觉功能。

头　胸　腹

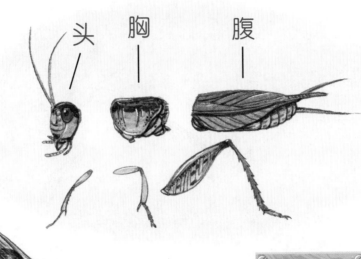

昆虫的身体结构

　　在昆虫各有特色的外衣下，它们有着差不多的身体结构。它们的身体可以分成三个部分——头、胸、腹。

　　头部有口器和一对触角，还有一对复眼和2～3个单眼。胸部由三个体节组成，有三对分节的足，大部分种类有两对翅。腹部一般由9～11节组成，末端可能有一对尾须。

昆虫的盔甲

　　昆虫的构造异于脊椎动物，它们的身体并没有内骨骼的支持，身体外面有一层坚韧的"外骨骼"，这层"外骨骼"有分节，有利于昆虫的运动，犹如骑士的甲胄。

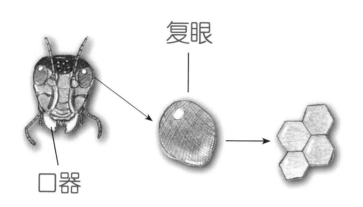

复眼

口器

不一样的
口器

口器是昆虫的取食器官，位于头部的下方或前端，由于各种昆虫的食性和取食方式不同，口器的构造也不同。

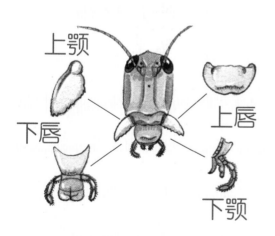

上颚

下唇

上唇

下颚

常见的口器类型

一般来说，昆虫常见的口器类型有：咀嚼式口器，如蝗虫，它们以咀嚼植物或动物的固体组织为食；刺吸式口器，如蚊子，它们的口器像针管一样，只能刺入组织中吸取汁液；虹吸式口器，如蝴蝶，它们的下颚外叶左右合抱成长管状的食物道，盘卷在头部前下方；舐吸式口器，如苍蝇，它们的吻端是下唇形成的伪气管组成的唇瓣，用以收集物体表面的液汁。

第一章

昆虫王国

蝗虫暴露在外面的两颗"大牙"其实是它们咀嚼式口器的一部分。咀嚼式口器和人的嘴很像，有上唇、下唇、上颚、下颚，甚至还有舌。就因为这副强有力的口器，蝗虫才可以每天大吃大嚼较硬的叶片，甚至叶柄都是它们的美食。

蝴蝶的口器是虹吸式口器。虹吸式口器就像我们使用的吸管一样，可以吸食花蜜等植物汁液。

蚊子会"咬"人，是因为它们长着一个注射针头似的刺吸式口器。而且，小小的蚊子有六根"针"，随时准备扎进人们薄薄的皮肤里品尝新鲜的血液。

吃相难看的苍蝇，吃东西时又吸又舔，它们的口器就像一个蘑菇，是舐吸式口器。

11

有趣的
呼吸

昆虫有着特殊的呼吸系统，即由气门和气管组成的气管系统，气门相当于它们的"鼻孔"。

昆虫的呼吸方式极其有趣。捉一只蝗虫或者蟋蟀，观察它们的腹部，你会发现大量的小开口——气门。每一个气门都是一个气管的入口，气体从气门进入气管，到达身体的各个部分，为身体提供氧气。

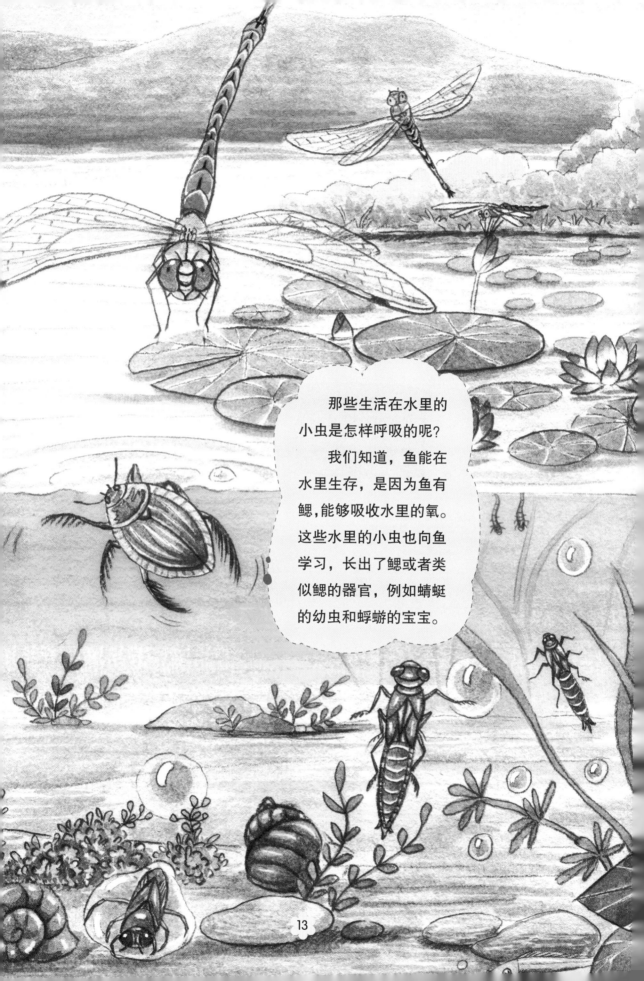

那些生活在水里的小虫是怎样呼吸的呢？

我们知道，鱼能在水里生存，是因为鱼有鳃，能够吸收水里的氧。这些水里的小虫也向鱼学习，长出了鳃或者类似鳃的器官，例如蜻蜓的幼虫和蜉蝣的宝宝。

13

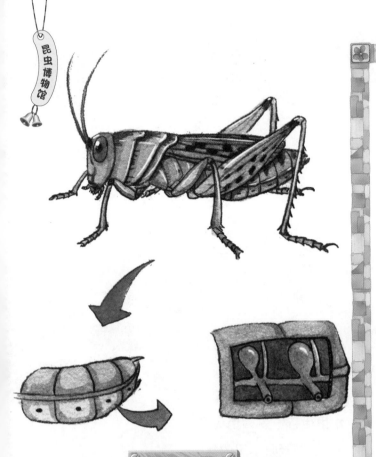

昆虫的呼吸

以蝗虫为例，在蝗虫的胸部和腹部两侧各有一行排列整齐的圆形小孔，这就是气门。气门与人的鼻孔相似，在孔口布有专管过滤的毛刷和筛板，就像门栅一样能防止其他物体入侵。气门内还有可开闭的小瓣，掌握着气门的关闭，气门与气管相连，气管又分支成许多微气管，通到昆虫身体的各个地方。昆虫依靠腹部的一张一缩，通过气门、气管进行呼吸。

体壁呼吸

有些昆虫没有气管或气管结构不完整，它们利用体壁与外界进行气体交换。例如很多寄生性昆虫的幼虫，它们整个躯体都浸泡在寄主的体液中，它们用柔软的体壁摄取溶解在寄主体液中的氧，这样的呼吸方式叫作"体壁呼吸"。

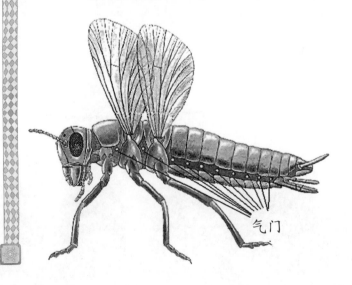

气门

昆虫的 翅膀

昆虫是无脊椎动物中唯一可以飞行的物种。它们在地球上无处不在，这主要归功于它们强大的翅膀。鸟类的翅膀是由前肢进化而来的，而昆虫的翅膀是由胸部背叶演化形成的。

多样的作用

昆虫的翅膀作用可多了，它不仅能帮助昆虫飞行，还可以保护它们，还能演奏"乐曲"(比如蝗虫)，还能进行伪装，还可以传递信号，还能吸引配偶，甚至还可以警告天敌。

三角形的翅膀

昆虫的翅膀一般呈三角形，翅脉有纵向脉和横向脉，纵横交错。有的昆虫翅脉细密，有的翅脉稀少，每一类昆虫都有其独特的翅脉分布形式。

膜翅薄而透明，翅脉清晰。蜜蜂、胡蜂、草蛉和蜻蜓等的前后翅都是膜翅，蝗虫以及各种甲虫的后翅，都是膜翅。

膜翅

石蛾的翅膀上有粗细不等的毛或鳞，这样的翅膀叫"毛翅"。

毛翅

七星瓢虫看起来圆乎乎的，摸上去硬邦邦的，难道它们也属于有翅亚纲吗？是的，瓢虫的前翅骨化成了坚硬的"铠甲"，叫作"鞘翅"，可以保护后翅与身体。

鞘翅

16

缨翅

很多蝴蝶和蛾的翅膀上有鲜艳而奇妙的花纹，这些花纹都是由一层极其细微的鳞片构成，这样的翅膀叫作"鳞翅"。

蓟马的翅膀边缘布满缨毛，这样的翅膀叫"缨翅"。

鳞翅

平衡棒

苍蝇的后翅退化成了平衡棒。

17

奇特的 发育方式

根据发育过程中是不是有蛹产生，我们可以把绝大多数昆虫的发育方式分为完全变态发育或不完全变态发育。

你们也许难以相信，"空中舞蹈家"蝴蝶，它们居然是由那些在树叶上蠕动的、肥胖丑陋的毛毛虫蜕变而来的！丑笨的毛毛虫化蛹后在不见天日的蛹里忍受重重煎熬，最终发育成带着翅膀的蝴蝶破蛹而出，在阳光下绽放出美丽的光芒。像蝴蝶这样有蛹产生的发育方式叫"完全变态发育"，我们熟悉的蚕、蜜蜂、蝇都是这种发育方式。

有一些昆虫一生只经历卵、若虫、成虫3个阶段，例如螳螂。这些昆虫的若虫刚孵化出来就开始独立生活：自己觅食、寻找同伴、逃避天敌。它们在大自然中不断地磨砺自己，最终发育成了强壮的成虫。

第二章
自然界的铠甲勇士

有些昆虫身披"铠甲"，它们的"铠甲"能让它们免受不良气候影响、机械伤害和天敌袭击等，尽管在我们看来，它们的防卫能力微不足道！

彩虹的眼睛

在吉丁虫还是幼虫时，皮肤是乳白色的，长大之后会变得十分美丽。漂亮的翅膀和鲜艳的色彩让它成为了色泽最鲜艳的昆虫之一，人们常常把它比喻成"彩虹的眼睛"。

晒太阳的彩虹：
吉丁虫

小档案

吉丁虫非常喜欢啃食树皮，而它啃食过的树皮很容易发生爆裂，所以它也叫"爆皮虫"。

吉丁虫的大小、形状因种类而异，小的不足 1 厘米，大的超过 8 厘米，头小，触角和足也短。

21

第二章
自然界的铠甲勇士

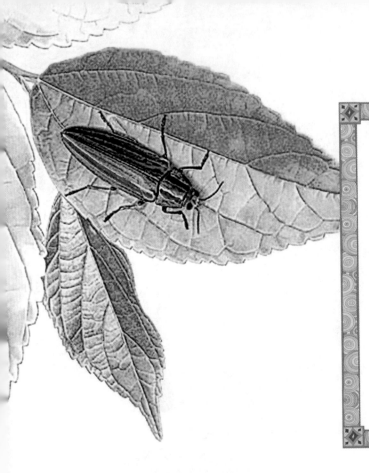

吉丁虫非常喜欢阳光，通常白天出来活动，大部分时候都栖息在树干向阳的部分。它的飞翔能力特别棒，能飞得又高又远。不过，因为它的行动太过缓慢，所以当它栖息在树干上时只会懒懒地晒个太阳，哪儿都不想去。

奇特的繁殖方式

松吉丁虫有一个很特殊的技能：森林火灾发生后，它能从几公里甚至十几公里以外的地方赶到火灾现场。这一点全靠它胸部的两个微小的"颊窝"，颊窝有着70个感应单元，能探测长波红外线。

松吉丁虫喜欢在刚烧焦的松树上产卵、孵化幼虫宝宝。

虫大十八变

吉丁虫幼虫时期并不好看，大多数的幼虫胸部扁平、躯干部细长。直到蜕变为成虫之后，它的美丽才会显现出来。

会飞的活珠宝

在英国维多利亚时代，吉丁虫被视作"会飞的活珠宝"。据说日本人认为它艳丽的鞘翅可以赶走室内的害虫，常常把它的鞘翅镶嵌在家具上，他们认为这样既有驱虫的功效，又能装点家具，真是一举两得。

大自然的清洁工：
蜣螂

小档案

蜣螂又叫"屎壳郎"，有着奇特的外形：头像一把铲子，触角像扫把，它是一种益虫。

大自然的清道夫

蜣螂以动物的尸体和粪便为食，可以把粪便扫到一起，滚成球状，因此有"大自然的清洁工"的美称。它能利用月光偏振现象进行定位，以帮助取食，有一定的趋光性。

24

粪球摇篮

别看粪便臭不可闻，但对蜣螂来说既是食物，也是孕育生命的摇篮，还是遮风避雨的房子。

当宝宝还没出世时，妈妈就为宝宝准备了最丰盛的食物——一堆大象的粪便，能够养活7000只宝宝呢！

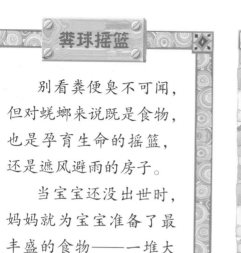

草原上的"清洁工"

大雨过后，大象在非洲大草原上贪婪地享用着新生的植物，并留下了数百吨的粪便。

这时，蜣螂成群结队地钻出来，开始辛勤的劳作。它们把这些粪便聚集在一起滚成球状，埋入地下，再美美地享用，而吃不完的粪便成为了肥料。因此，它们既能清洁草原，又能让草原肥沃起来。

滚粪球的原因

蜣螂之所以滚粪球，都是因为这是它们在为生宝宝作准备。它们把粪球推到坑里，繁殖时，妈妈们就会把卵产在粪球中。宝宝孵出之后，它们就能直接以粪球为食，直到长大成熟。

圣甲虫

古埃及人认为蜣螂的 3 对足共 30 节，代表每月的 30 天，更认为它们推动粪球的动作是受到宇宙天体运转的启发，蜣螂象征太阳，粪球象征地球，地球是勤勉而无所畏惧的人类创造的，所以他们称蜣螂为"圣甲虫"，认为它们能避邪护身。

会飞的小灯笼：
萤火虫

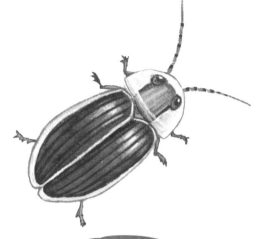

萤火虫是夏天夜晚最常见的一种昆虫，体长约为0.8厘米，身形扁平细长，头较小，体壁和鞘翅较柔软，头部被较大的前胸盖板盖住。雌虫不能飞翔，但荧光比雄虫亮。

夜晚小灯笼

晚上，萤火虫闪着光，在天上飞着，就像夜空中的小灯笼。其实，这是它们通过发光来寻找配偶或者与同伴交流，还能警示其他动物。

27

昆虫博物馆

　　每到夏天，萤火虫就会在温暖潮湿的水草上生小宝宝。小宝宝最初是一颗颗乳白色的卵，不久之后，它们就会变硬，然后慢慢孵化成灰色的幼虫。

　　幼虫形态在萤火虫的一生中占的时间最长，通常为几个月甚至一年以上。经过最后一次蜕皮后，萤火虫幼虫会变成蛹，蛹经过 15 天～ 30 天化为能飞舞发光的成虫。

发光之谜

　　萤火虫之所以会发光，是因为它们的尾部有一个小小的发光器。发光器里有一种含磷的发光质与一种催化酵素，发光器上面还有一些气孔，由气孔引入空气后，发光质就会透过酵素的催化与氧进行氧化作用，然后就发出光来。

车胤囊萤夜读

在没有电灯的古时候，一些勤奋的读书人就靠萤火虫发出的光在夜晚苦读。传说晋朝时有个家境贫寒的学子车胤，每到夏天，为了省下灯油钱，他会捕捉很多萤火虫放到白色的绢做成的袋子里，借助它们发出的光来看书。

夏日里的荧光灯语

夏天的晚上，萤火虫在温暖的水草边、繁密的树林中闪亮着微光，那是它们通过"灯语""谈恋爱"。

雄虫边飞边亮，雌虫随后出现，以精确的时间间隔向雄虫发出"亮、灭、亮、灭"的信号，这间隔非常短，对于人类来说很难分辨，但萤火虫能准确判断对方的意思。它们就用这种信号进行交流，相互吸引，结成配偶。

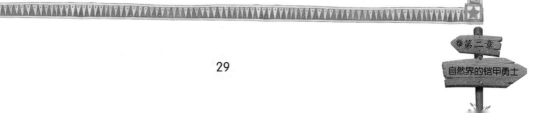

第二章
自然界的铠甲勇士

威风凛凛：
独角仙

小档案

独角仙的体形较大，包括头上的犄角，可长达9厘米。呈长椭圆形，脊面十分隆拱；体色为栗褐或深棕褐色，头较小；触角有10节，其中鳃片部由3节组成。

威武雄壮

在独角仙的头顶上有一只雄壮且高高翘起的犄角，所以人们称它为"独角仙"。

独角仙身上披着厚厚的硬壳，勇猛威武，看起来就像是披着盔甲的大将军，而它们头顶的犄角就像是大将军手里的大刀。

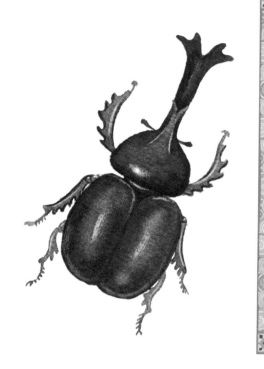

昼出夜伏

独角仙一般大量出现在6月～8月，具有趋光性。

独角仙是昼出夜伏的昆虫，白天在青刚栎流出树液处，或是光腊树上可以看到它们的身影。到了晚上，在山区有路灯处，也往往可以发现它们的踪迹。

独角仙主要以树木伤口处的汁液，或熟透的水果为食，对森林不会造成大的危害。

男女有别

当独角仙成群结队地在树干上晒太阳时，你能正确地分辨它们的性别吗？

其实，那只强壮的大角只属于威武的雄独角仙，雌独角仙头顶是光滑的。雄独角仙前胸处也比雌独角仙多一只末端分叉的角，这只角像一把大钳子。因此，看看有没有突出的两只大角，就可以分辨它们是"男生"还是"女生"了。

31

会变色的外壳

一般情况下，独角仙的外壳呈漂亮的红褐色。如果一直有强烈的阳光照射，外壳则会变成绿色，就像一片渴求阳光的绿叶。不过，如果将外壳放在潮湿的环境中，不一会儿，外壳就会变成黑色。

铠甲大力士

独角仙的力气可以说是数一数二的。蚂蚁能举起相当于自己体重50倍的东西，大象能举起和自己体重相同的东西，但独角仙依靠坚硬的大角，能举起相当于自己体重850倍的东西。

花大姐：
瓢虫

小档案

瓢虫的形状很像盛水的葫芦瓢，它们有两层翅膀，外面的一层已经变成硬壳，起保护作用，所以叫作"鞘翅"。鞘翅下面还有一层很薄的软翅膀，能够飞翔。

七星瓢虫

瓢虫身上的小斑点是区分瓢虫种类的依据之一，有几个小斑点就叫作几星瓢虫。人们最熟悉的是七星瓢虫，它们身上有七个小斑点。七星瓢虫有较强的自卫能力，虽然身体不大，但许多强敌都对它无可奈何。

第二章
自然界的铠甲勇士

最好的"农药"

大多数瓢虫是人类的好朋友，比如七星瓢虫就被称为"活农药"，它们能帮助农民伯伯消灭蚜虫、介壳虫等害虫。但有些瓢虫是害虫，比如十一星瓢虫和二十八星瓢虫，它们喜欢啃食番茄、马铃薯等农作物的叶子，有时也啃食果实。

游泳潜水能手

很少有人知道，瓢虫还是个会游泳和潜水的能手。

曾经有人做过一个实验：将一只瓢虫投放于洗脸盆中，这只瓢虫不仅能在水面上游泳，还能潜入水中自由行走。最后这个小家伙还能爬上洗脸盆边沿，在阳光下打开鞘翅晒干后飞走。

短暂的生命

瓢虫的生命很短暂，从卵到成虫只有一个月的时间。幼虫时代，它们要经历五六次蜕皮，然后进入虫蛹阶段。当破蛹而出成为成年瓢虫时，身体还很柔软娇嫩，所以必须暴露在阳光下，吸取养分，使体色加深，变成真正的瓢虫。不过这只需要几个小时！

无斑点的七星瓢虫

七星瓢虫是大家最熟悉的瓢虫，那七个斑点就是它的"身份证"。据说有人推动刚刚从蛹里钻出来的七星瓢虫，吓唬它，等它的翅变得坚硬后，七个斑点就不会再出现，而这只被吓得"花容失色"的小家伙将会成为一只终生无斑点的七星瓢虫。

第二章
自然界的铠甲勇士

划船高手：
豉甲

豉甲是一种水生昆虫，体形很小，只有半个黄豆那么大。它们的背部呈黑色略带光泽，看起来很像豆豉，所以又叫"豉虫"。

依水而生

豉甲依水而生，常常安静地浮在水面上，捕食水面的昆虫和其他生物。当它们遭遇敌人攻击时，会潜入水中。它们的复眼分开，一对在水面上，一对在水下，可同时观察水面与水中的动静。

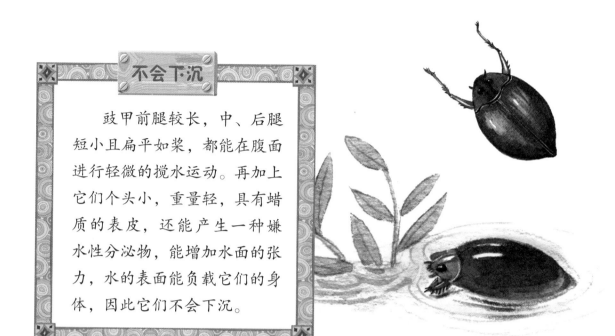

不会下沉

　　豉甲前腿较长，中、后腿短小且扁平如桨，都能在腹面进行轻微的搅水运动。再加上它们个头小，重量轻，具有蜡质的表皮，还能产生一种嫌水性分泌物，能增加水面的张力，水的表面能负载它们的身体，因此它们不会下沉。

划船高手

　　豉甲拥有坚硬、不易弯曲的外骨骼——鞘翅，当它们在水中浮动时，看起来就像一艘微型的硬壳船。豉甲利用脚部和翅膀产生推进力，在水面快速地旋转，形成一个个圆圈后快速地移动，就像一个划船高手。

第三章
快乐的舞蹈精灵

新的一天开始了，昆虫们开始热闹起来，蝴蝶们迎着朝阳，扇动着美丽的翅膀，迈着轻盈的步伐翩翩起舞；而有的昆虫在不停地敲打着锣鼓，有的昆虫放声高歌，演奏出一曲自然交响乐。

蝶中女皇: 凤蝶

小档案

凤蝶又叫"燕尾蝶",是一种很常见的蝴蝶。分布范围极广,除北极外,世界各地都有它们的踪影。凤蝶种类繁多,有800多种,而中国有近百种。它们形态优美,色彩绚丽,深受人们的喜爱。

蝶中女皇

凤蝶是蝴蝶中体形较大的一种,艳丽的色彩和飘逸的舞姿使它们成为了当之无愧的蝴蝶女皇。

凤蝶的翅膀有各种颜色的鳞片,底色通常是会闪光的黑色或蓝绿色,上面布满了黄、橙、红、绿等颜色的花斑,特别好看。

幼虫会变色

凤蝶的幼虫就像变色龙一般，蜕皮一次后，颜色就会变化一次。最开始时，幼虫身披黑白相间的斑纹，全身遍布瘤一样的凸起，就像鸟粪一样。到了第四次蜕皮后，幼虫就变成可以融入周围草木的鲜艳绿色了，身上的凸起也消失了。

奇异的自卫方式

凤蝶中的大部分幼虫都有臭腺，在受到惊吓时，会散发臭味保护自己。有的幼虫胸部有黑、黄色眼状斑，像蛇头，让敌人望而却步。

特别的育婴室

凤蝶家族中的柑橘凤蝶对产卵的树有着严格要求，只选择芸香科的植物，这是因为它们的宝宝很挑剔，只喜欢吃柑橘、山椒等芸香科植物。在产卵前，柑橘凤蝶一边飞，一边用触角探测情况，遇到合适的植物就落下，一旦发现气味不对，就会离开。

天堂凤蝶

在几内亚的热带丛林中，生活着凤蝶家族中最美丽的品种——天堂凤蝶，它们的翅形优美而巨大，全身在黑天鹅绒质的底色上闪烁着纯正的蓝色光泽，仿佛从艳阳青天而降，被当地人认为是来自天堂的使者。天堂凤蝶是澳大利亚的国蝶，也是澳大利亚昆士兰州的旅游象征物。

第三章

快乐的舞蹈精灵

是蝴蝶还是蛾:

弄蝶

介于蝴蝶与蛾之间

弄蝶是介于蝴蝶与蛾之间的一种昆虫。成虫的头部和身体与蛾相似,但在静止的时候,弄蝶常常像蝴蝶那样将翅膀上举。

小档案

弄蝶是一种小型的蝴蝶,形态和生活习性都十分特殊。成虫体形不大,身材粗短,密布鳞毛;触角呈棍棒状,末端数节尖细弯曲如钩,这是它们独有的特征。

美味的龙舌兰虫

龙舌兰虫是弄蝶幼虫的一种，它们喜欢钻入龙舌兰和丝兰中，将叶子卷折结网，在里面生活并以之为食。因此这种弄蝶幼虫又被称作"龙舌兰虫"，具有很高的营养价值，墨西哥人把它们当作美味的食物制成罐头。

貌不惊人的小家伙

弄蝶的外表朴素，既没有凤蝶那样婀娜的身姿，也没有斑蝶那样绚丽的色彩。

和其他种类的蝴蝶一样，弄蝶有可以收卷的虹吸式口器，触角呈棒状，爱吸食花蜜。

第三章

快乐的舞蹈精灵

长尾弄蝶

　　长尾弄蝶是长相最奇特的弄蝶，有着长长的像燕子一样的尾巴，很容易辨认。它们的翅膀和身体背面具有绿色光泽，在飞翔时飘忽不定。

　　长尾弄蝶广泛分布在美洲，南起阿根廷，北至美国的得克萨斯州和康涅狄格州。

花间君子：
斑蝶

作为一种中大型蝴蝶，斑蝶色彩艳丽，身体大部分呈黑色，头胸部有白色小点；翅色艳丽，黄、黑、灰或白色，有的有闪光。

马利筋蝶

因为斑蝶喜欢吃一种叫"马利筋"的植物，所以又叫作"马利筋蝶"。它们主要生活在热带地区，在一些温带地区也可以见到它们的身影。

斑蝶飞行起来比较缓慢，但有些斑蝶能够进行长距离飞行，例如帝王蝶。

美丽的警告

有毒的蝴蝶常有醒目而漂亮的花纹,这些醒目的花纹常由黑、红、黄和白等颜色混合而成。

大多数的捕食者一旦误食这些蝴蝶,就再也不敢捕食具有类似花纹和颜色的蝴蝶了。在具有这种警告效果的蝴蝶中,最常见的就是金斑蝶。金斑蝶含有从马利筋中吸收来的有毒物质,这种有毒物质能让捕食者出现中毒症状,甚至能让中毒者心跳瞬间停止,让其他捕食者退避三舍。

生活习性

斑蝶的蛹通常具有金属光泽,非常漂亮。它们喜欢在阳光下活动,多生活在热带。

因为食物的关系,斑蝶身上有一种特殊的臭味,这使它们避开了很多捕食者。它们在幼虫期就大量食用有毒植物,以此来保护自己。

斑蝶喜欢集体活动,有的还能成群迁飞。

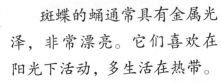

著名的斑蝶——帝王蝶

著名的帝王蝶生活在中北美大陆上，是唯一的迁徙性蝴蝶。每年，它们都要在墨西哥、美国和加拿大之间上演一场颇为壮观的长途旅行，这段旅程超过 4000 千米，成为了当地著名的自然奇观之一。

每年秋天，帝王蝶从加拿大和美国落基山脉以东的栖息地出发，飞越 4000 多千米，于 12 月初来到墨西哥中部的蝴蝶谷丛林；而生活在美国落基山脉以西的另外一些帝王蝶则南下到加利福尼亚州越冬。来年 3 月，帝王蝶的后代按原路返回。

第三章
快乐的舞蹈精灵

昆虫博物馆

紫衣天使：
大紫蛱蝶

小档案

　　大紫蛱蝶翅表具深蓝紫色金属光泽，主要分布在东亚的台湾和日本。因为数量稀少，它们已经成了保护类的昆虫了。

日本"国蝶"

　　在日本，大紫蛱蝶非常受欢迎，有"国蝶"之称。日本的一些国家运动队的队服上会出现明快的蓝紫色，这是源于它们翅膀上的美丽色彩。

男生和女生的区别

大紫蛱蝶只有雄大紫蛱蝶是紫色的。

雄大紫蛱蝶的翅面有紫色光泽和白斑。在阳光下熠熠生光，美丽得如梦似幻。

而雌大紫蛱蝶、体型更大，前翅呈暗褐色，后翅有两列黄斑，无紫色金属光泽。

空中舞者

小时候，大紫蛱蝶都是肉嘟嘟的，当肥肥的身体为化蛹积累了足够的营养后，它们便开始寄居在树上。长大后，它们最喜欢滑翔飞行，以展示它们曼妙的身姿。它们就像天空的舞者，在空中盘旋，舞出美妙的舞姿。

第三章

快乐的舞蹈精灵

伪装大师：枯叶蝶

独特的翅膀

枯叶蝶的前翅顶角和后翅臀角向前后延伸，呈叶柄和叶尖形状，翅里间杂有深浅不一的灰褐色斑，很像叶片上的病斑。当枯叶蝶两翅并拢停息在树木枝条上时，很难将它与要凋谢的阔叶树的枯叶区分开来。

小档案

枯叶蝶主要分布在东南亚、中国中西部以及喜马拉雅山低海拔地区。它们的翅膀背面呈枯黄色，有叶脉状的条纹，喜欢生活在潮湿的阔叶林。枯叶蝶是世界著名拟态的种类，是自然伪装的典型例子。

令人惊叹的伪装术

枯叶蝶能精确地模仿枯叶的自然形态。当它留在树枝上时，两翅收拢竖立，身躯隐藏在两翅之间，前后翅形成一片具柄的椭圆形的大叶片。颜色基本上与枯叶一致。翅反面的花纹有的像树叶的"中脉"，有的像"蛀孔"及"霉斑"等。

众多天敌

对于枯叶蝶来说，从虫卵期开始，它们就开始遭遇众多天敌的攻击。面对众多敌人，它们的抵抗是无用的，只能一边依靠增加繁殖数量来补偿损失，一边采取防范机制来预防袭击，因此它们才进化成枯叶的样子。

昆虫博物馆

枯叶蝶喜欢吃树液、腐果，水液，幼虫宝宝以马蓝和蓼科植物为食。

太阳逐渐升起，叶面露珠消失，枯叶蝶会飞至低矮树干的伤口处，觅食渗出的汁液，一旦受惊，立即以敏捷的动作，迅速飞逃到高大的树梢或隐居于林木深处的藤蔓枝干上，利用本能隐匿起来。

迷彩装灵感的来源

1941年，列宁格勒保卫战时，苏军委托蝴蝶专家施万维奇主持设计了一套蝴蝶式防空迷彩装，将防御、变形、伪装三种方法相互配合起来，而设计师的灵感来源就是枯叶蝶。迷彩装犹如一层神奇的隐身衣，有效地防御了侵略军的进攻。

蛇头花纹：

樗蚕

益处和害处

相比其他的蚕来说，樗蚕的体形算是比较大的，翅展可达 13 厘米。

樗蚕常常寄生在核桃、石榴、蓖麻、白兰花等树上。它们会在叶片间结茧，丝可以加工成椿绸。不过，它们对林业有害。

小档案

樗（chū）蚕又叫"椿蚕""小柏蚕"，分布于中国、日本、印度、印度尼西亚等国，是一种珍贵的泌丝昆虫资源。樗蚕在中国分布范围也很广，主要分布于辽宁、河北、山东、江苏、广西、台湾等地。

令人害怕的花纹

如果你突然在草丛中看到樗蚕，一定会被它们的样子吓一跳，因为它们的翅膀看上去非常像眼镜蛇的头部。

它们的一生

在中国北方地区，樗蚕一年可繁殖1～2代，而在温暖的南方地区，它们一年可繁殖2～3代。

樗蚕和大多数野生蚕一样以蛹越冬，越冬期长达5个月。

以四川为例，每年四月下旬，樗蚕化蛹成虫，成虫一生只有5天～10天。樗蚕产卵之后便会死亡，卵宝宝经过10天～15天便开始孵化，可爱的野蚕宝宝就出现了。到了七八月，第一代的成虫又开始产卵，新的生命又将诞生。

伟大的使命

　　樗蚕的生命十分短暂，因此，在短短几天时间内，它们必须抓紧时间完成一个伟大的使命——繁殖后代。樗蚕的宝宝从卵里孵化出来时，是软绵绵、肥嘟嘟的绿色小虫。它们必须在吐丝做茧之后，才能蜕变成为能够自由飞翔的蛾。

值得开发的"野蚕"

　　樗蚕的蚕丝是优良的绢纺原料，在古代就有人将樗蚕的蚕丝织成绸缎，叫"椿绸"或"椒绸"，它们色泽典雅，不易沾灰。樗蚕的蚕蛹营养丰富，其中蛋白质含量为53%、脂肪含量为32%。此外，蚕蛹还含有多种人体所需的矿物质和维生素，是人类很好的健康食品。

第三章
快乐的舞蹈精灵

昆虫博物馆

超强的适应能力

虽然螟蛾腹部又短又细，体态没有蝴蝶那么优美，但它们的适应能力特别强，除了两极地区之外，世界各地都有螟蛾的身影。

夜间君士：
螟蛾

小档案

螟蛾有很多种，大多身体细长脆弱，有单眼及复眼，触角细长。幼虫一生蜕皮4～5次，在茎秆内、树杈间、土壤中吐丝化蛹。它们喜欢在夜间飞翔，但在仓库和居室内不论白天夜晚都活动。

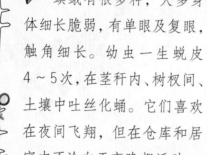

令人害怕的花纹

　　螟蛾的幼虫就是大家熟悉的螟虫，大多生活在水稻、玉米等农作物的茎秆中，吃茎秆的髓部，是大家都不喜欢的农业害虫。螟蛾有着很好的嗅觉和听觉，喜欢在夜间飞行。和其他很多蛾类一样，具有趋光性。农民伯伯利用它们的这个弱点，常常用荧光灯来捕杀它们。

蛾与蝴蝶的区别

　　蛾在停止飞行时，翅膀一般呈屋脊状；而蝴蝶则会把翅膀收拢与背部垂直。这是蛾与蝴蝶最明显的区别之一！

　　蛾与蝴蝶还有一个更明显的特征：多数蛾会在夜间活动，而蝴蝶一般在白天活动。

57

第三章
快乐的舞蹈精灵

名称的来由

姬蜂身形娟瘦，头前长着一对细长的触角，尾后拖着三条宛如彩带的长丝，还有两对透明的翅膀，飞起来时摇曳生姿，煞是好看，就像一位漂亮的舞姬，所以人们称它们为"姬蜂"。

蜂中精灵：姬蜂

小档案

姬蜂种类很多，形状、颜色、大小各异，一般有1厘米多长，最长的有5厘米。多种姬蜂的腹部细长而弯曲，像黄蜂，只是它们的触角较长，节也较多。

跨界能手

姬蜂不但能在空中舞出妙曼的舞姿，而且能在水中潜泳。姬蜂在水中找到了合适寄生的昆虫后，会把卵产在它们身上。为了孩子们能在水中呼吸，姬蜂会拖出一条细长的"氧气瓶"。如果不小心把这条长长的细丝弄断了，孩子们就会窒息而亡。

雌蜂的长带

姬蜂大多是黄褐色的，但是尾后的长带只有雌蜂才有，那是一条产卵器和两旁产卵器的鞘形成的三条长丝。这么长的产卵器也是昆虫中不多见的，有的种类的产卵器甚至超过自己的体长呢！

第三章

快乐的舞蹈精灵

寄生本领高强

姬蜂看起来温柔、善良，但都是靠寄生在其他昆虫体上生活的，是那些小动物的致命死敌。姬蜂的寄生本领十分高强，即使躲在树皮下的昆虫也在劫难逃。所幸的是，姬蜂寄生的动物多数是对农业和林业有害的害虫。

独特的保鲜法

我们可以利用冰箱让食物保鲜，而姬蜂也有保鲜法。它们捕猎时，从不故意把猎物杀死，而是将其用螯刺伤，然后再拖回"家中"。

姬蜂会在猎物身上产下一个或多个卵后离去，幼虫宝宝继承了祖先的"保鲜"意识，先食用猎物身上不重要的部分，使猎物仍保持鲜活，有时被吃掉了一半的猎物还能存活。

第四章

辛勤的劳动者

　　春暖花开，万物复苏。经过了一整个冬天的积蓄，昆虫们从各个角落里钻了出来，好奇地张望着，然后开始一年的辛勤劳作。你瞧，蚂蚁们马不停蹄地寻找着粮食，蜜蜂们兴高采烈地采集着花蜜……

勤劳之王：

蜜蜂

传粉好帮手

蜜蜂每天在花丛中辛勤地忙碌着，采集花蜜、传播花粉，是植物繁殖的好帮手。

蜜蜂是群居型昆虫，蜜蜂群常常有一只蜂王，几万只工蜂和几百到几千只雄蜂。

小档案

蜜蜂的身体呈黄褐色或黑褐色，生有密毛。头与胸几乎同样宽。它们有两对膜质翅，前翅大，后翅小。腹部末端有螫针。

分工严密

蜜蜂群里的成员有着严密的分工，一个蜂巢里通常只有一只蜂王，它的个头非常大，负责和雄蜂交配和产卵；工蜂是最勤劳的，主要负责采集花粉和花蜜，筑巢和喂养幼虫等工作；雄蜂则专门负责与蜂王交配，它们在交配完后会马上死去。

辛勤的劳动者

从每年的春季开始，到秋末，在植物开花的季节里，蜜蜂都在辛勤地收集着花蜜。

它们一般在离蜂巢2.5千米以内的范围内采蜜。采蜜十分辛苦，它们需要采集1100朵～1446朵花才能获得1蜜囊的蜜。除去本身消耗掉的蜂蜜，一只蜜蜂一生只能提供0.6克蜂蜜。

第四章
辛勤的劳动者

奇妙的过冬方式

　　寒冷的天气对蜜蜂极为不利，除了吃一点点蜂蜜，增加能量，它们还想到了一个好办法。当蜂巢内的温度低至13℃时，它们就会靠拢抱团，结成球形。即使最冷的时候，蜂球内的温度仍可维持在24℃左右。在蜂球外面的蜜蜂向里钻，在球心的蜜蜂向外转移，这样不断交换位置，互相照顾，蜜蜂才得以安全过冬。

奇特的舞蹈

　　蜜蜂跳舞是在告诉同伴蜜源在哪：如果跳圆圈舞，表示蜜源比较近；如果跳"8"字舞，表示蜜源比较远。如果跳舞时头向上，表示蜜源是朝着太阳；头向下表明蜜源是背着太阳。舞跳得越快，表示距离越近。当蜜源离蜂巢100米时，15秒内大约跳九到十圈；距离1公里时，只跳四五圈。

浑身是宝：
胡蜂

小档案

胡蜂又叫"黄蜂"，体形较大，有黑褐色的横纹。成虫体多呈黑、黄、棕三色相间，或为单一色。它们的足较长，翅发达，飞翔迅速。

营巢而居

和蜜蜂一样，胡峰也是营巢而居。蜂巢像一个树枝上倒挂的莲蓬。

胡峰喜欢吃甜的食物，主要以成熟的水果、残留果皮和果核为食。当天气渐冷之时，胡峰会去采花蜜为食。

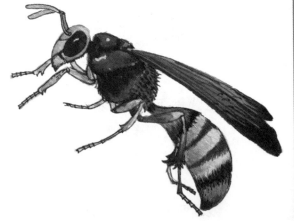

一个胡蜂群由蜂王、工蜂和雄蜂组成。与蜜蜂不同的是，胡蜂群中可以有多只蜂王。蜂王负责寻找避风向阳的场所营巢，边筑巢边产卵；雄蜂与工蜂交尾，交尾后不久死亡；工蜂的形态与蜂王并无区别，有着很强的攻击性，负责筑巢、采集、御敌、护巢、饲育幼虫等工作。

坚固的"纸房子"

有些胡蜂能利用植物纤维与唾液制造纸质的蜂巢。一个小小的蜂巢会有100多个幼虫室，而大型的蜂巢有多达2000多个幼虫室，虽然蜂巢开口向下，但幼虫不会掉出来。而且蜂巢连接在树枝上，看上去摇摇欲坠，实际上十分牢固。

胡蜂特工队

胡蜂的毒刺有点可怕，小蛰一下，皮肤立刻就会红肿、疼痛。如果只是轻度蛰伤，可以用食醋涂抹伤口；如果伤情严重，应立即挤出毒液，然后到医院治疗。

全身都是宝

胡蜂全身都是宝。成虫、幼虫和蜂巢、蜂毒全都可入药。成虫主治风湿痹痛；蜂房有定痛、驱虫、消肿解毒功效；胡蜂的毒是世界上最贵重的毒素之一，可治疗关节炎，药用价值极高；胡蜂的蛹含有多种维生素和微量元素，是理想的营养食物，被誉为"天上人参"。

第四章
辛勤的劳动者

昆虫博物馆

建筑专家：
蚂蚁

小档案

蚂蚁体形娇小，身体呈黑色或褐色等。它们喜欢群居生活，庞大的蚁群内部有着明确的分工，通常会在地下建筑家园。

种类繁多

蚂蚁的种类繁多，已知的就有一万多种。最近还发现了无性繁殖的新物种。

蚂蚁的寿命很长，工蚁可活几星期，也可活3年～10年，蚁后则可活几年甚至数十年。一个蚁巢在一个地方可生长几年甚至十几年。

分工明确

庞大的蚂蚁王国中有着非常严格的分工。

蚁后体形最大，负责产卵和孕育后代；雄蚁负责和蚁后交配，完成交配后就会死亡；工蚁的数量最多，负责建造巢穴、采集食物、伺喂幼蚁及蚁后等；兵蚁的上颚发达，可以粉碎坚硬食物，是战斗的武器。

伟大的建筑家

蚂蚁是动物界最伟大的建筑师。它们利用颚部在地下挖洞，再一粒一粒搬运沙土，建造蚁巢。蚁巢内有许多分室，这些分室各有用处，有的用于居住，有的用于储备粮食，都有良好的排水、通风措施，而且非常牢固、安全。

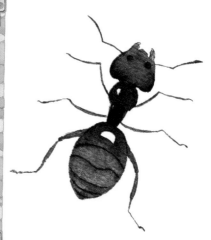

第四章

辛勤的劳动者

天然农药：
赤眼蜂

小档案

赤眼蜂体形很小，体长不超过1毫米。身体呈光亮黄色，胸腹狭小，腹部近卵圆形，末端较尖。前翅比身体要长，后翅细长，呈刀形。雄蜂比雌蜂要小点，腹部呈黑褐色。

卵寄生蜂

赤眼蜂是一种寄生性昆虫，从来都不自己喂养孩子，而是把卵产在寄主体内，让孵出的幼虫宝宝吸食寄主体内的营养长大。它们靠触角上的嗅觉器官寻找寄主。

天然的农药

　　赤眼蜂体形非常小，体长不超过1毫米，因此能将自己的卵产在害虫的卵中。它们的幼虫孵化出来之后，就开始吸收害虫卵的营养物质，直至成虫破蛹而出，将害虫卵全部杀死。这种灭除害虫的方式天然、环保又安全，还可以保持生态平衡，是低成本的"天然农药"。

害虫克星

　　赤眼蜂是很有利用价值的一类昆虫，可以称得上是害虫的克星。在自然界中，赤眼蜂的种类有很多，常见的有玉米螟赤眼蜂、松毛虫赤眼蜂、螟黄赤眼蜂、广赤眼蜂、稻螟赤眼蜂等二十多种，有些种类在自然界控制害虫率达10%以上。农业上用它们来防治玉米螟等害虫，非常有效。

赤眼蜂生物导弹

赤眼蜂的寄主大多是对农作物有害的昆虫的卵，因此科学家们把研制的带有特定病毒的试剂喷洒在赤眼蜂的寄主身上。当赤眼蜂破壳而出的时候，它们身上沾满了病毒，在繁殖时，病毒又传递到害虫的卵上，可以直接杀死害虫的卵。

松毛虫赤眼蜂

人类现在应用的防治玉米螟的赤眼蜂是松毛虫赤眼蜂，它是人工释放赤眼蜂寄生玉米螟最高的蜂种。一般在玉米螟成虫产卵初期，向田间人工释放赤眼蜂，赤眼蜂将卵产在玉米螟卵内，使虫卵不能孵化成幼虫，达到防治玉米螟的目的。

第五章
天生的运动员

在很多比赛中，很多选手都用动物为自己的团队命名，因为动物们各个行动敏捷，身手不凡。同样，在昆虫的世界中，一场场独特精彩的角逐轮番上演。

赛跑健将：
虎甲

小档案

虎甲个子不大，却是甲虫里的斗士。它们一般有鲜艳的颜色和斑斓的色斑，脑袋较大，上颚也很大，左右交叉。虎甲是肉食性昆虫，白天活动，常在山区道路或沙地上活动，能低飞捕食小虫。

拦路虎

有时虎甲静息路面，当人们在路上步行时，它们总是距行人前面三五米，头朝行人。当行人向它们走近时，它们又低飞后退，仍头朝行人，好像在跟人们闹着玩。因此，虎甲有了"拦路虎"和"引路虫"的称号。

大虫吃小虫

虎甲是肉食性昆虫，常常吃些比自己弱小的害虫。不过，树栖虎甲常在咖啡树或茶树的嫩枝上钻洞、产卵，危害这些经济作物，但它们的幼虫捕食介壳虫，对人类是有益的。

赛跑健将

虎甲奔跑的速度极快，按体长比例计算，它们每秒移动的距离是身长的171倍，这比猎豹要快得多。

它们在极速奔跑时，由于复眼结构限制和大脑处理能力不足，会导致瞬间失明，所以有时在追捕猎物时，虎甲不得不停下来重新定位，然后继续追杀。

聪明的虎甲幼虫

　　虎甲的幼虫喜欢用守株待兔的方式捕食猎物。它们会在土中挖个洞，在洞里静静地等候，一旦有猎物经过，就会用镰刀一样的上颚抓住猎物，然后将猎物拖进洞里。它们的腹部有一对倒钩，这对倒钩可以牢牢地抓住洞壁，防止猎物挣扎将它们拖出洞外。

大王虎甲

　　在非洲南部，生活着大王虎甲，它的体形是虎甲中最大的，体长可达6厘米，它的颚齿巨大，性情也十分凶猛。有人这样描述它——"它喉咙上伸出巨大的牙齿……是货真价实的屠宰利器，甚至连老鼠和蜥蜴等都成为它的美餐。"大王虎甲是当仁不让的"非洲地面暴君"。

争强好胜的霸王：

锹形虫

夜间出没

白天，人们很难看到锹形虫的踪影，因为它们躲在树洞或绿荫下又黑又窄的地方呼呼大睡。

小档案

锹形虫俗称"大夹子虫"或"夹子虫"，以树汁和腐烂水果为食。雄虫有像牛角般弯曲的钳颚——专门用于打架。每年的5月末，锹形虫开始出现，在8月的傍晚最为活跃。独角仙只能活一个夏天，而有的锹形虫可以度过冬天。

昆虫博物馆

爱吃树汁

夜幕降临之后，锹形虫开始活动了——利用触角找到树汁，再用独特的口器吸食树汁。为了增加和树汁接触的面积，提高吸吮的能力，锹形虫的嘴巴周围蜕化出了许多绒毛，这些绒毛吸水时就像海绵般有效率。

争强好胜

虽然锹形虫看起来没有独角仙那么威武，但如果独角仙敢与雄锹形虫争夺树汁，雄锹形虫会挥舞如剪刀似的大角，与独角仙拼个你死我活。

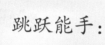

跳跃能手：

蝗虫

农业害虫

蝗虫数量繁多，生命力顽强，能在各种环境中生存。山区、森林、半干旱区、草原都是它们乐园。

它们的食量很大，主要危害禾本科植物，是人们眼中的害虫。蝗虫喜欢吃肥厚的叶子，如甘薯叶、空心菜、白菜等。

小档案

蝗虫又称"蚱蜢"，种类很多，超过了10000种。它们的口器坚硬，前翅狭窄而坚韧，后翅很薄，适于飞行，后肢很发达，善于跳跃。

第五章
天生的运动员

成长记录

　　蝗虫的发育不同于蝴蝶等昆虫，在它们的发育过程中没有"蛹"这个环节，而这种发育方式称为"不完全变态发育"。蝗虫的一生从受精卵开始，由受精卵发育成若虫，若虫蜕皮5次之后才会成为强健的成虫。

跳跃能手

　　蝗虫全身通常为绿色、灰色、褐色或黑褐色，头大，触角短；前胸背板坚硬，像马鞍似的向左右延伸到两侧，中、后胸愈合不能活动。它们的脚很发达，尤其后腿，使蝗虫成为跳跃能手。在胫骨上，还有尖锐的锯刺，这是有效的防卫武器。产卵器没有明显的突出，这是蝗虫和螽斯最大的分别。

可怕的蝗灾

飞蝗有群居型和散居型。散居型飞蝗有时会迁移，一般数量不多，危害不大。而群居型飞蝗常集成大群迁移，危害非常大。由于湿度、温度和栖息密度等的影响，散居型飞蝗也可能集成大群迁移，对农作物等造成严重的危害。

蝗虫的天敌

蝗虫的天敌主要是蛙类，据统计，一只青蛙一个夏季能消灭一万多只蝗虫；一只泽蛙，平均每天吃掉50只蝗虫，最多的可达266只；即使是身体笨乎乎的蟾蜍，夏季三个月也能捕食近万只蝗虫！如果平均两平方米的地里只要有一只青蛙，便足以抑制蝗虫的生存。

力大如牛：天牛

小档案

天牛因力大如牛、善于在天空中飞翔而得名；因为它们能发出"咔嚓、咔嚓"锯树的声音，又被称作"锯树郎"。天牛的身体呈长椭圆形，触角比身体长。

危害甚大

天牛的幼虫呈淡黄或白色，体前端扩展成圆形，似头状，所以又叫"圆头钻木虫"。幼虫的上腭强壮，能钻入树内生活两年以上。由于这种钻木习性，天牛对木材和浆材树、景观树、果树以及木本观赏植物的伤害非常大。

自画像

因为种类的不同，天牛体形的差别也很大，最大的长达 11 厘米，最小的还不到 1 厘米。它们大多为黑色，具有金属般的光泽。长长的触角是天牛最明显的特点，一般有 10 厘米左右。中国华北有一种长角灰天牛，它的触角比身体长了四五倍。

破坏大王

虽说天牛能给人类带来一些乐趣，但它是一种害虫。天牛会危害森林和果园，幼虫蛀食树干和树枝，影响树木的生长发育，甚至导致整株死亡。据说有一种天牛还能侵害金属物质，比如铅皮和铅丝等。可以说，天牛是名副其实的破坏大王。

第五章
天生的运动员

光肩星天牛

光肩星天牛原产于中国和朝鲜，是许多硬材树的主要害虫。据说，它们是跟着货板来到了北美，然后造成了1996年的纽约虫灾，几年后又传到了北美的其他地区，对当地的森林造成了很大的破坏。

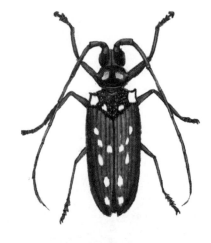

会"钓鱼"的天牛

你们玩过"天牛钓鱼"的游戏吗？首先，在一个装有适量水的盆子里放一块小木头。然后，给一块鱼形卡片穿一个小孔，在这个小孔上系一根绳子，并把绳子的另一头系在天牛的一只触角上，保证小孔与天牛触角之间的绳子长度合适。最后，把天牛放到木块上。这时，局促不安的天牛频频挥动触角牵动绳子的样子很像在钓鱼。如果鱼形卡片离开水面，天牛"钓鱼"就成功了。

滑水爱好者：
水黾

水面自由行走

水黾身形轻盈纤细，所以当它们在水面行走时是不会沉入水中的。

小档案

水黾是一种常见的小型水生昆虫，池塘、湖泊、田间随处可见，它喜欢栖息于静水面或溪流水面上，也可以在陆地上生活。

水黾身体细长，非常轻盈；前脚短，可以用来捕捉猎物；中脚和后脚很细长，长着具有油质的细毛，具有防水作用。体色黑褐色，体长约2厘米。

85

分工明确的三对足

　　水黾有前、中、后足三对足，前足较短，中、后足很长，向四周伸开，三对足的分工明确：后足用来控制滑动的方向和水面滑行，中足则是驱动的腿，用来划水和跳跃，而前足是用来捕猎。水黾的跗节上的毛使得它们可以借助表面张力在水面上非常快地运动，而不会下沉。

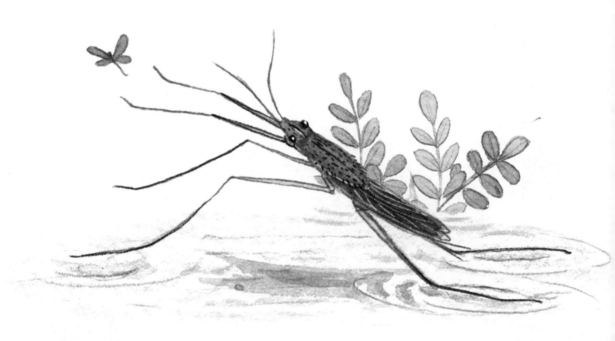

上蹿下跳的捕食方式

　　水黾以落入水中的小虫体液、死鱼或昆虫为食。

　　当它们通过腿上敏感的器官感受到昆虫落入水中后，会以每秒1.5米的速度划向猎物。如果猎物浮在离水面30厘米～40厘米的地方，水黾还可以通过跳高来捕食。

池塘中的溜冰者

水黾被喻为"池塘中的溜冰者"，每秒钟滑行100倍于身长距离，等于人类以每小时400英里速度游泳。它们不仅能在水面滑行，而且还会像溜冰运动员那样在水面优雅地跳跃。

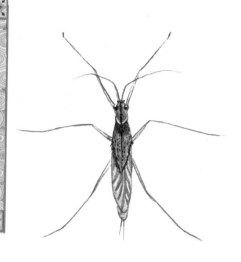

漂浮之谜

水黾能在水面上行走而不会沉没，这都是因为它们腹部有一层细密的银白色短毛，有拒水作用。水面有一层带有弹性的薄膜，具有张力，水黾体重极轻，而脚又细长而向两侧弯曲，不会弄破水面的薄膜。同时，它们腿部还有很多排斥水的纳米结构的刚毛，所以它们才能浮在水面上自由行走。

仰泳专家：
华粗仰蝽

独一无二的特点

华粗仰蝽的复眼是红色的，而且很发达，占头部的三分二左右。它们的触角有三节，第二节明显膨大，比另外两节要粗大，头后缘复眼侧方有点凹陷，形成"8"字状的触角窝，在体背方向可以看到触角，这是其他仰蝽种类所没有的特征。

小档案

在盛夏的湖面，你常常可以看到一个个小圆点正在努力地划水。那些小圆点就是华粗仰蝽。

华粗仰蝽体形较小，体长约1厘米。喜欢捕捉蚊子和蝇类，常常栖息在水草丰沛的水域。

凶猛的水上猎手

华粗仰蝽喜欢在水面上滑行，常常将腹部末端贴于水面上。它们发现猎物时，先定位，再发动攻击，用前、中足固定猎物，接着用刺吸式的口器猛刺猎物，分泌麻醉液后将猎物麻醉，然后拖到水中。猎物死亡后，它们再浮出水面，慢慢吸食猎物的体液。

蚊子幼虫的天敌

华粗仰蝽生活在距离水面以下约 10 厘米的水域，与蚊子的幼虫生活在同一水域。虽然它们也吃一些别的小昆虫，例如水蝇、蝶蝇等，但是它们最爱吃的还是蚊子的幼虫。

蛙式仰泳健将

别看华粗仰蝽个子小，但它们仰泳的功夫可是一流。它们头部和胸部的宽度差不多，整个身子看起来很像一颗小小的向日葵籽，两头尖尖的，这样可以减小它们游泳时水流的阻力，让它们前进的速度更快。

害虫还是益虫？

虽然华粗仰蝽喜欢吃蚊子，但它们的幼虫也叮咬鱼苗、鱼卵。它们的食量极大，在五至六月间的食量就更大了，这时正是鱼卵孵化、鱼苗成长的时节。因此，华粗仰蝽对渔业的危害也很大。

小小大力士：
蠼螋

小档案

蠼螋（qú sōu）又叫"夹板子"，身体狭长扁平，尾部有一对大尾铗。多为杂食或肉食种类，多半生活在树皮缝隙，枯朽腐木中或落叶堆下，性喜潮湿阴暗。习惯夜行，并有趋光的习性。

内在可爱

初次看到蠼螋，你可能会被它尾部那对剪刀似的铗子吓一跳。其实，它是很可爱的小虫，即使遇到骚扰也不会主动攻击，而是就地装死，以此来迷惑对方，然后趁机逃命。

第五章

天生的运动员

91

超有母爱的好妈妈

大自然给了蠼螋一副恐怖的模样，实际上，它是个不折不扣的爱心妈妈。产卵后，它每天都会把蠼螋卵清理得干干净净，避免真菌危害，然后守护在它们身旁。等到可爱的小宝宝孵化出来之后，它们就会开始辛勤地劳动——到处收集食物喂养小宝宝们。

小小大力士

除了是爱心妈妈，蠼螋还扮演了一个很厉害的角色——大力士。如果将一辆空的玩具小车用线拴在它的身体上，它可以很轻松地拖着小车走。蠼螋能拖动比它们身体重几百倍的物体，这是很多昆虫无法做到的。

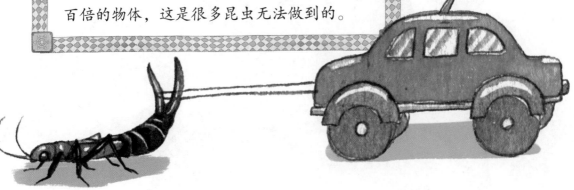

爬入人耳的谣言

蠼螋喜欢生活在狭窄的空间，因此有人深信它们会爬入人耳中，其实这不具备科学依据。

首先，再凶残的虫子也只能咬破人的鼓膜及耳内软组织，它们是不会进入大脑的，因为大脑有坚硬的头骨保护。其次，蠼螋的巢穴一般在石头下方或者泥土中，不可能钻到哺乳动物的身体里。最后，蠼螋的尾铗是用来保护、捕食和交配的工具。

天杀和预防

虽然蠼螋可爱，又不会攻击人，但是在家里发现它们的踪影也不好。如果万一在家里发现它们怎么办呢？

首先，尽量保持房屋干燥，尤其是卫生间要保持干净！其次，还可以用气雾杀虫剂。如果想用无毒的方式杀死它们，可以先用开水浇灌它们的藏身之处——瓷砖缝隙。

第五章
天生的运动员

第六章
天才的音乐家

夏天到了，树林里开始热闹起来了，不仅鸟儿放声歌唱，而且还有很多昆虫在倾情伴奏。是不是很神奇？在众多音乐家之中，其中最著名的当数被誉为"田园音乐家"的蟋蟀和螽斯两大类。

分辨雌雄

蟋蟀的腹部末端有两根长尾丝，如果是雌虫，还有一根比尾丝还长的产卵管。另外，翅膀有明显凹凸花纹的是雄的，翅纹平直的是雌的。

田园音乐家：
蟋蟀

小档案

蟋蟀又叫"蛐蛐""促织"，喜欢生活在阴暗潮湿的地方。身体一般呈黑褐色，体型多呈圆桶状，有粗壮的后腿。有的蟋蟀大颚很发达，强于咬斗。在它们的头上，还有一对长长的触角，比身体还要长。最特殊的是，它们的听器是在前脚节上。

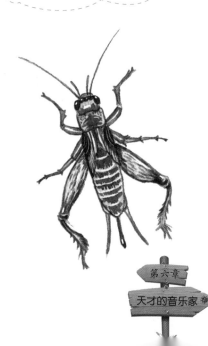

第六章
天才的音乐家

草丛里的歌唱家

宁静的夏夜，草丛中经常会传来蟋蟀清脆悦耳的鸣叫声。

蟋蟀的声音并不是从嗓子里发出来的，而是摩擦翅膀发出的。在雄蟋蟀的前翅上有发音器，发音器由翅脉上的刮片、摩擦脉和发音镜组成。当雄蟋蟀将前翅举起，左右摩擦，会震动发音镜，然后发出声音。蟋蟀中的"歌王"当属长颚蟋蟀，它们的鸣声优美独特，被人们称为"萨克斯"。

古老的穴居昆虫

据研究，蟋蟀是一种古老的昆虫，至少有1.4亿年的历史。它们是穴居昆虫，一般在晚上才出来活动。如果你们仔细观察，便可以在砖石下、土穴里、草丛间看见它们的身影。蟋蟀吃各种作物、树苗、菜果等。

鸣声的含义

从每年的8月起，蟋蟀开始鸣叫，直到10月下旬天气转冷。蟋蟀鸣声音调不同、频率不同，表达的意思也不同。夜晚，它们那响亮的长节奏的鸣声，既是不让同性蟋蟀进入自己的领地，又是求偶的呼唤。当有别的同性进入它们的领地时，鸣声就变得威严而急促，表示严正警告。

争强好胜的蟋蟀

蟋蟀生性暴躁好斗，两只公蟋蟀一见面就气不打一处来，迅速扑向对方，打得不可开交。有时，胜利者想扩大战果，便不假思索地追打逃亡的蟋蟀，结果反而被对方踢得老远，对方反败为胜。从唐代开始，人们就喜欢看蟋蟀相斗。

第六章
天才的音乐家

高音歌手：
蚱蝉

伴你度夏

每年夏天，从午后到傍晚，在那最炎热的时候，蚱蝉就会开始大声鸣唱，发出"知了——知了——"的声音。不少文人墨客都喜欢用它们来形容夏天的酷热。

小档案

蚱蝉又叫"知了"。在蝉类中，它们的体形最大。雄虫体长4厘米多，翅展有12厘米。身体是黑色的，有光泽。头部横宽，中央向下凹陷，颜面顶端及侧缘淡黄褐色。

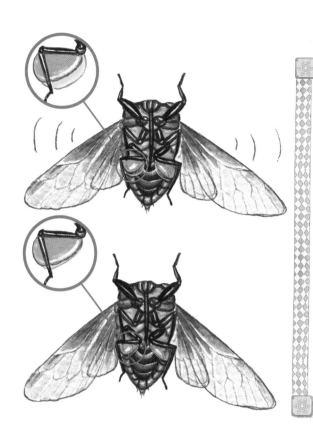

大自然的歌手

　　自古以来，人们对蚱蝉最感兴趣的莫过于它们的鸣声。

　　整个夏天，蚱蝉一直不知疲倦地用轻快而舒畅的调子，为人们高唱一曲又一曲轻快的蝉歌，为大自然增添了浓厚的情意，难怪人们称它们为"昆虫音乐家""大自然的歌手"。

唱歌·小·秘密

　　并不是所有蚱蝉都会唱歌，能发声的只是雄虫。雄虫肚子上有一个发音器，发音器上有两块小圆片，叫"音盖"。音盖内侧有一层透明的薄膜，叫"瓣膜"。雄虫就是通过这层瓣膜来发声的。同时，音盖相当于扩音器，雄蚱蝉通过来回收缩音盖，就会发出"知——了，知——了"的鸣叫声。

第六章

天才的音乐家

树木的天敌

　　每年秋天，蚱蝉会在树枝上产卵。第二年夏天，幼虫被孵化出来，然后钻入土里。它们要在土里生活很久，一般两到三年。蚱蝉在树枝上引吭高歌时，会把尖细的口器刺入树皮吮吸树汁，并引来很多蚂蚁、苍蝇、甲虫等共同吸吮。如果一棵树被它们刺了很多洞，这棵树就可能慢慢枯萎死亡。因此，尽管它的鸣声被人们赞颂，但它仍是害虫。

餐桌上的美食

　　蚱蝉是一种高蛋白、低脂肪、纯绿色、无污染的高级营养品，特别是刚出土的老龄若虫，营养价值更高。100克的牛肉和100克的蚱蝉若虫相比，蛋白质含量基本相同。这几年，蚱蝉已经被摆上餐桌，成为人类重要的绿色食品之一。

100

音乐名家：蠹斯

小档案

蠹斯在中国北方又被称为"蝈蝈"。体长约4厘米，身体多为草绿色，也有灰色或深灰色的。善于跳跃，不易被捕捉。一般吃小动物，但个别种类也吃植物。

与蝗虫的区别

从外表来看，蠹斯和蝗虫很像，但蠹斯的身甲远比不上蝗虫那样坚硬。更重要的是，蠹斯都有一条很长的触角，细长如丝，比它们的身体还长，而蝗虫的触角又粗又短。

优秀的"音乐家"

昆虫博物馆

蝱斯鸣声各异，有的高亢洪亮，有的低沉婉转，或如潺潺流水，或如急风骤雨，声调或高或低，声音或清或哑，给大自然增添了一串串美妙的音符。

蝈蝈的恋曲

蝱斯喜欢鸣叫，是昆虫"音乐家"中的佼佼者。它们的叫声具有金属质感，比蟋蟀的更响亮、尖锐，更加刺耳。

其实，会鸣叫的蝱斯都是雄性的，而雌蝱斯是"哑巴"。雄蝱斯通过自己独特的鸣声吸引雌蝱斯前来交配，繁殖后代。所以，雄蝱斯"唧唧唧"的叫声是它们的"婚恋曲"，雌蝱斯一般选择歌声洪亮者作为自己的"恋人"。

断腿的勇者

我们都知道，壁虎在遇到危险时，会丢弃自己的尾巴以获得逃生的机会。螽斯遇到危险时，也有相似的行为。在面临危险时，它有着壮士断腕的胆识和气魄。当敌人捉住了它的一条腿，它会毫不犹豫地断腿保命。

蝈蝈文化

在中国，自古以来螽斯就被视为宠物，有着源远流长的"蝈蝈文化"。从宋代开始，就有人饲养它们；到了明代，饲养它们已经较为普遍了；到了清代，更是掀起了前所未有的热潮，末代皇帝溥仪更是将它们放在金銮宝殿的座位上面。

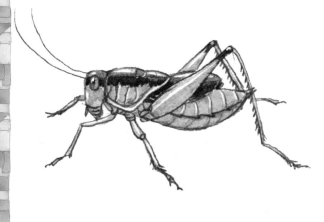

全能高手：
蚱蜢

小档案

蚱蜢别名"蚂蚱""油蚂蚱""草蜢子"，是一种在农田里极为常见的昆虫。它们是深藏不露的歌唱家。飞行时，它们的翅膀撞击后腿能发出"札札札"的声音。蚱蜢的后足发达，善于跳跃，主要危害禾本科植物水稻。

食用价值

据研究，蚱蜢体内不仅含有丰富的蛋白质和氨基酸，还含有各种维生素和脂肪酸、微量元素等，所以具有很高的食用价值。秋后，人们捕捉蚱蜢，将之油炸食用。另外，也可把它们加工成各种味道的食品或罐头。

它们的自画像

蚱蜢通常为绿色或黄褐色，头尖尖的，长着一对又细又长的触须，背上有两对翅膀。它们有六条腿，每条腿最前端都有像钩子一样的东西，这些"钩子"可以紧紧地抓在某个物体上。它们的后腿很长，上面有一些小刺，仔细看，这些小刺就像锯子上的锯齿一样。

跳远健将

蚱蜢能跳过相当于自己身长15～20倍的距离——而且不需要助跑！

当它准备跳跃时，4条小腿将身子前半部撑起，后腿弯曲，然后突然伸直，把自己射向空中。可以说，它的身体是专为跳跃而设计的。蚱蜢有两条长而有劲的后腿，在后腿的上半部鼓起强健的肌肉，里面储藏着大量的能量，当它跳跃时，这些能量会被迅速地释放出来。

第六章

天才的音乐家

多样的发音方式

雄性蚱蜢大部分都可以发出"音乐"，以此来吸引配偶，并向别的雄性蚱蜢宣布领权。由于种类不同，蚱蜢的发音方式也不相同，有的用后腿上的尖叉刮擦前翼边缘发出声音，有的用翅膀相互摩擦发出声音，有的在飞行时用翅膀撞击后腿发出声音，有的干脆拍打翅膀发出声音。

奇妙的自我保护

蜥蜴是蚱蜢的主要捕食者之一，身材弱小的它打不过庞大的蜥蜴。为了逃生，蚱蜢常吃有臭味的树叶，然后呕吐到自己身上。当蜥蜴准备将它吞下时，会因为它身上的味道实在难闻而立即将之吐出。蚱蜢靠这一绝招使自己死里逃生。

织布之音：
纺织娘

小档案

纺织娘体形较大，有点像侧扁的豆荚，体长约5厘米～7厘米，体色有绿色和褐色两种。头较小，前翅发达。雄虫的翅脉近于网状，有2片透明的发声器，触须细长如丝状，黄褐色，可长达8厘米。后腿长而大，健壮有力，弹跳力很强，可将身体弹起，向远处跳跃。

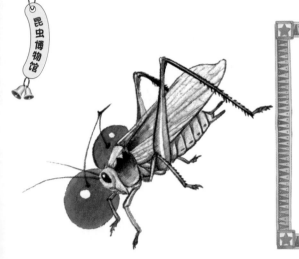

名字的由来

雄纺织娘摩擦前肢时发出轧织轧织的声音，这声音听起来很像古时候织布机运作时发出的声音，"纺织娘"的名字便由此而来。它们喜欢白天静静地伏在瓜藤的茎、叶之间，晚上出来摄食、鸣叫。

素食主义者

纺织娘是植食性昆虫，喜欢吃南瓜和丝瓜的花瓣，也吃桑叶、柿树叶、核桃树叶、杨树叶等，虽然偶尔也吃其他昆虫，但它们是典型的素食主义者。

纺织娘危害很多植物的茎叶，而且会将虫卵产在植物的嫩枝上，常造成这些嫩枝新梢枯死，所以是害虫。

轻松捕捉纺织娘

　　想捕捉纺织娘并不困难。它们特别的声音很容易暴露行踪，而且它们动作迟缓，受到惊吓时也不会飞。可以选择用纱网兜捕，或用大口的玻璃瓶，捕捉时将瓶口对准虫的头部前方，另一手将其推送进瓶内。

害怕阳光的纺织娘

　　纺织娘喜欢栖息在凉爽阴暗的环境中。纺织娘饲养人常常用麦秆编织的小笼子作为饲养容器，为它们避光遮阴。

第六章
天才的音乐家

昆虫博物馆

噪音之王：
划蝽

小档案

划蝽一般附着在池塘或河底植物上，靠身体周围和翅下储存的空气呼吸，是名副其实的潜水员。

它们有一对大大的眼睛，前足短，中足长，后足扁平如桨。后足擅长划行，边缘密集地生长着细长的毛。

体轻于水

划蝽的身体非常轻，靠身体周围和翅下储存的空气呼吸。气泡中的氧被消耗后可从水中扩散而补充；而它排出的二氧化碳到气泡中，会再溶于水。

最嘈杂的动物

　　划蝽虽然个头小，但却是世界上最嘈杂的动物。随便露两手，就相当于电话铃声或者酒杯碰撞发出的音量。它们高兴的时候，发出的音量相当于汽车鸣笛甚至列车呼啸而过的音量。蓝鲸是地球上声音最大的动物之一，但是以身体比例计算，划蝽才是地球上声音最大的动物。

第七章

病菌携带者

有些昆虫美丽可爱，有些昆虫面目狰狞，有些昆虫力大无穷，而有些昆虫则携带很多病菌，严重地危害了人们的身体健康，比如苍蝇、蟑螂、跳蚤等。

飞行高手：苍蝇

小档案

苍蝇繁殖的速度特别快，有着一次交配可终身产卵的生理特点。它的一生要经历卵、幼虫（蛆）、蛹、成虫四个时期，各个时期的形态完全不同。

雌雄之别

苍蝇以前翅发达，后翅退化成平衡棍的主要特征区别于其他昆虫。它有一对圆圆的复眼，两眼之间的距离是识别雌雄蝇的标志。两眼距离较远的是雌蝇，两眼距离较近的是雄蝇。头部前面有一对短小的触角，是它灵敏的嗅觉器。

飞行高手

苍蝇善于飞行，飞行速度很快，每小时可达 6 千米 ~ 8 千米。不过，它平常多在一两百米的范围内活动，一般不超过 2 千米。起飞时，它的中足和后足"蹬地"起跳，随即展翅飞翔。它的飞行路线与地面的角度常常小于 40°，只有在极其偶然的情况下才出现接近垂直的起飞倾角，不过在离地 10 毫米后又会转为倾斜角度。

神奇的消化道

苍蝇有独特而又神奇的消化道。即使它所吃的食物中带有很多病菌，那也没关系。这些食物能在消化道内被快速处理，养分被留下，废物及病菌被排出体外。这个过程需要的时间只有 7 到 11 秒，因而大多数细菌在进入苍蝇体内后，还来不及繁殖就已经被排出体外了。

奇特的眼睛

苍蝇的眼睛十分奇特，仿佛两个多面体。其中两只复眼每只由3000多只小眼组成，众多的小眼都自成体系，但视觉神经互相配合。这些小眼既能协调一致，又能独立工作，因此，蝇眼不仅具有高速度、高精度的分辨能力，而且能够从不同的方位感受物体，当人们用苍蝇拍从后面拍打它时，很容易被它发现。

蝇眼照相机

科学家从苍蝇眼睛的特殊构造中得到启发，研制出了一种特殊的蝇眼照相机，这种照相机一次能拍出几十张、上百张甚至上千张照片。这种奇特的蝇眼照相机在科学研究以及军事应用上都有特殊的作用。

第七章

病菌携带者

臭名昭著：舌蝇

小档案

舌蝇又叫"采采蝇"，是一种吸血昆虫，主要分布在非洲和阿拉伯半岛。它的身体比苍蝇要小一点儿，体表呈黄色、褐色、深褐色至黑色。

爱好吸血

舌蝇的口器较长，向前伸出，不管雌雄，都喜欢吸食动物的血液。

在它的触角上，还有一个鬃毛状的触角芒，触角芒上有一排长有分支的毛，这是很多蝇不具备的。

舌蝇多在林地里出没，如果被宿主动物吸引，也会短距离飞出，来到开阔的草原。

舌蝇雌雄两性几乎每天都要吸血，雄舌蝇80%以上都吸食人类的血液，而雌舌蝇通常吸食大型动物的血液。

天气暖和的时候，舌蝇特别活跃，日落后或气温低于15.5℃时，它们中的大多数种类就停止觅食。

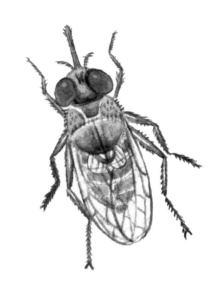

恐怖的睡眠病

　　舌蝇之所以臭名昭著，是因为它能传播一种致命的疾病——非洲锥虫病。非洲锥虫病以神经系统病变为主，因此又称"睡眠病"。当人类或动物一旦被它叮咬，就可能患睡眠病。睡眠病患者会有发烧、疼痛等症状，甚至会因神经紊乱而致死亡。

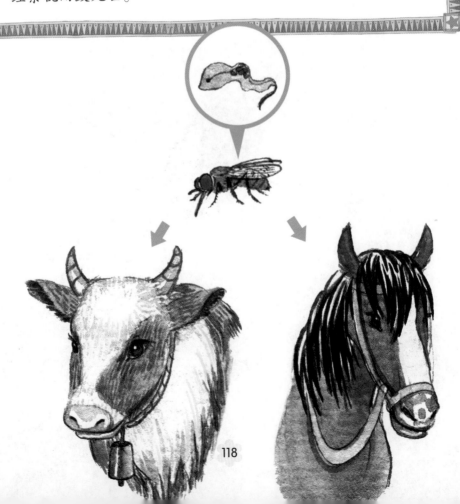

吸血鬼：
蚊子

它的最爱

蚊子的触须上有一种叫"化学感受器"的器官，可以帮助它判断哪些人的血液中富含胆固醇和维生素B，这些是它最"喜爱"的营养。

小档案

蚊子喜欢吸食血液，飞行时会发出嗡嗡嗡的声音。被它叮了之后，伤口处会出现一个小红包，痒痒的，还有点痛。

喜欢叮哪类人

蚊子喜欢叮咬那些新陈代谢活跃的人，比如肥胖者、孕妇等，还有儿童。如果你穿上一件黑色、黄色、蓝紫色的衣服，或者被子、睡衣、窗帘等用黑色、黄色、蓝紫色，那正好符合蚊子的视觉习惯。那么，它吸食血液时会优先选择你。

为什么会痒

蚊子的口器像针一样，当它将口器刺入人的皮肤后，就能够尽情地吸血。蚊子的唾液中含有很多细菌，在它吸血的同时，它的唾液会进入人的血液中，从而引起人的免疫反应。

人们被蚊子叮后有痒的症状，是自身免疫系统发挥作用的结果。

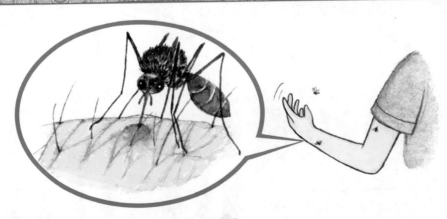

叮人的雌蚊子

不是所有的蚊子都叮人，只有雌蚊子才会叮人。雌蚊子在叮人的同时，可能会传播疾病，所以小朋友们最好不要在蚊子经常出没的地方玩，并且要积极地消灭蚊子。这就要做到：及时清理房前屋后的积水，定期消灭池塘里的蚊卵和蚊子幼虫。

越过冬天

蚊子一般在每年的 4 月开始出现，8 月中下旬达到活动高峰。当气温降到 10℃ 以下时，就会停止繁殖，大量死亡。

为了躲过冬天的严寒，它们会找个可避风避寒的地方躲起来，比如在室内较温暖且较隐蔽处，如衣柜背后、暖气旁、墙缝等，这样有点像冬眠。

第七章

病菌携带者

病菌传播者：
跳蚤

寄生昆虫

跳蚤没有翅膀，不能像苍蝇那样四处飞行，只能寄生。成虫通常寄生在哺乳类动物身上，比如猫、狗等。一旦找到了寄主，它就不会再离开。它靠吸食血液为生，吸血时，还会排出黑黑的便粒，像灰尘一样。

小档案

跳蚤是一种善于跳跃的寄生昆虫。口器锐利，善于吸吮。腹部宽大，后腿发达、粗壮。身上有许多倒长着的硬毛，可让它在寄主的毛内行动。

坚硬的保护壳

跳蚤个头很小，有一层坚硬的外壳，能保护它不受伤害。它的外壳可以承受比自身重90倍的物体！如果人的皮肤由跳蚤的外壳组成，那么人从1000米的高空摔到硬地，都还能安然无恙。不仅如此，人也可以承受1000千克的重物从1000米高空坠下产生的冲击力。

跳高能手

跳蚤善于跳跃。起跳时，仿佛离膛的子弹，嗖地一下就消失了。即使用最好的摄影机，也只能拍到模糊的身影。

虽然它的身长只有0.5至3毫米，却能向上跳350毫米，相当于它身长的120至700倍。假如它像人那样高大，就可以向上跳200至1100米。跳蚤每4秒钟跳1次，能连续跳78小时。

第七章

病菌携带者

别让跳蚤靠近

预防跳蚤有以下几个办法：

如果你养了猫狗之类的宠物，一定要做好宠物的卫生。同时，还要注意家里的卫生，可以在墙边喷些消毒药水。

如果家里已经有了跳蚤的踪影，那么可以把贴身衣物拿去煮一下，大件的衣物、席子、床单用开水烫，然后放到室外暴晒。

鼠疫的传播者

如果跳蚤吸食患鼠疫的鼠、兔等动物的血液后，身体中就会有鼠疫杆菌。这时，如果带鼠疫杆菌的跳蚤再吸食人血，鼠疫杆菌就会进入人体，人就可能患上鼠疫。因此，大家一定要注意清洁，避免被跳蚤寄生叮咬。

打不死的小强：
蟑螂

小档案

蟑螂身体扁平，呈黑褐色，中等大小。头小，能活动。触角长丝状，复眼发达。翅平，前翅为革质，后翅为膜质，前后翅基本等大，覆盖于腹部背面；有的种类没有翅膀。不善于飞翔，但能疾走。

生活习性

蟑螂适应环境的能力很强，广泛分布在热带、亚热带以及温带地区。

它喜欢阴暗的环境，害怕阳光，因此喜欢昼伏夜出。当温度在20℃以上，它的活动最为活跃。因此，在热带地区，它可以四季繁殖、活动。

喜欢扎堆生活

　　蟑螂喜欢扎堆生活，通常成堆地聚集在一起。这是因为它的身体，包括对粪便都会产生一种聚集信息素，通过这种信息素，它们大老远地跑到一起。这其实是一种自我保护的生存机制。

邋遢的"吃货"

　　蟑螂很爱吃，是个十足的吃货，而且一点都不挑食，面包、米饭、瓜果以及饮料等都来者不拒，就连鞋刷子都能成为它的食物，但是它更喜欢吃香、甜、油的淀粉类食品。

　　它喜欢脏、乱、臭的环境，厨房、室外垃圾堆、阴沟和厕所，所有邋遢的地方都是蟑螂的最佳游乐场所。它进食时有个坏习惯，那就是边吃、边吐、边排泄，因此会污染食物，传播很多疾病。

古老的生物

蟑螂起源于 4 亿年前的泥盆纪，是世界上最古老的昆虫之一，就连盛极一时的恐龙，都是它的晚辈。

人们从煤炭或琥珀中发现的蟑螂，与现在各家橱柜中的蟑螂并没有多大的差别。也就是说，这几亿年来，它的外貌并没什么大的变化，但生命力和适应力却越来越强。

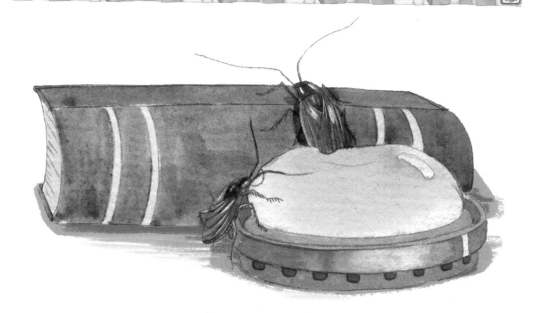

顽强的生命力

因为蟑螂有着顽强的生命力，所以被人们称为"打不死的小强"。昆虫学家发现，它可以靠糨糊活很久。有研究表明，它只喝水都可以活 1 个月；如果既没有食物也没有水，它仍然可以活 3 个星期。

曾经有生物学家说：即使地球上发生了全球核武器大战，在核影响区内的生物除了蟑螂，其他的都会消失！

第七章
病菌携带者

第八章

它们是害虫

　　随着科技的发展，人类研制的灭杀害虫的药物也越来越厉害，但尽管如此，害虫并没有销声匿迹，有时反而更加猖獗，甚至出现了更加厉害的害虫。这不能不让人惊叹，有些昆虫具有的顽强生命力。

金龟子家族中大名鼎鼎的蜣螂，俗称"屎壳郎"。古埃及人将它们视为永恒的象征，就是因为它们推动粪球有如东升西落的太阳。

破坏大王：
金龟子

小档案

金龟子是农田里常见的一种昆虫。它的身体是椭圆形的，前翅坚硬，合拢时在背上形成一个硬硬的壳，所以有人也叫它"硬壳虫"。它的幼虫统称"蛴螬"，又叫"土蚕""地蚕""地狗子"。

第八章

它们是害虫

129

自画像

金龟子的身体是椭圆形的，嘴前面有两对钳子，上面的钳子用来咬住食物，下面的钳子用来咬碎食物并送入嘴里。它的前翅一般是墨绿色的，透明的后翅藏在前翅下，前翅在阳光下发出耀眼的金属光泽，它的名字就是这样来的。

农林害虫

金龟子适应能力很强，喜欢咬食树木的叶片，群集时危害更为严重。因此，从农业和林业方面来说，金龟子是害虫，对梨、桃、李、葡萄、苹果、柑橘等都有危害，也能危害柳、桑、樟、女贞等林木。

金龟子的种类

金龟子的种类很多，全世界有 3 万多种，人们常见的有铜绿金龟子、朝鲜黑金龟子、茶色金龟子、暗黑金龟子等。据说，生长在非洲的大角金龟是世界上最大的金龟子。而阳彩臂金龟是中国最大的金龟子，它们体长约 7 厘米。不过，它们的数量非常稀少，在 30 多年前一度被宣布灭绝，近几年才陆续被发现，是国家二级保护动物。

会吹灯的金龟子

和蛾一样，金龟子也有很强的趋光性。在很久以前的古代，人类社会没有电灯，采光都是通过点蜡烛或煤油灯进行的。到了晚上，金龟子会朝有光的地方飞，有时甚至能把蜡烛或煤油灯扑灭。

植物公敌：
蚜虫

分布地区

蚜虫在世界的分布十分广泛，但主要集中于温带地区，热带地区较少，而且种类也要少很多。它能够随风飘荡，因此可以进行远程迁徙。

小档案

蚜虫又叫"腻虫"或"蜜虫"，经常混迹于各种植物的嫩芽上，吮吸植物的汁液，对农业、林业的破坏性极大，是地球上最具破坏性的害虫之一。

它的"最佳搭档"

蚜虫个子小小的，在生存竞争中，并没有优势，于是它会寻求合作伙伴——蚂蚁。

蚜虫的口器能刺穿植物的表皮层，吸取植物的养分。同时，它能分泌含有糖分的蜜露，引来很多蚂蚁。蚜虫给蚂蚁提供蜜露，蚂蚁为它提供保护，帮它赶走天敌。

像植物的动物

蚜虫是世界上唯一具有合成色素——类胡萝卜素的动物，而其他动物体内的类胡萝卜素都必须通过食物来获取。

有昆虫学家认为，蚜虫合成的色素能吸收来自太阳的能量，并将其转化为参与能量生产的细胞机制，这一点和植物的光合作用有点类似。

133

小·蚜虫，大害处

蚜虫喜欢成群结队地聚集在植物的嫩茎或嫩叶上，用针状的口器吸食植物的汁液。这样会影响植物的生长，也会造成植物畸形，严重时导致植物萎蔫枯死。

同时，它还会排出大量水分和蜜露，滴落在下部的叶片上，还有可能引起霉菌病发生。

超强的繁殖能力

蚜虫的繁殖能力很强，一年的时间，它就能繁殖10代～30代。

它有孤雌生殖和两性生殖两种生殖方式，雌性蚜虫一生下来就能够繁殖后代，而且只要平均温度持续5天在12℃以上，就能繁殖。

五项全能：

蝼蛄

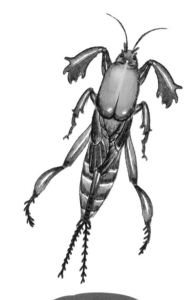

小档案

蝼蛄又叫"土狗"，是一种地下昆虫。它喜欢在疏松的土壤里活动，咬食农作物的根，使农作物不能很好地吸收养分，最后就会死亡。

五项全能

在昆虫界，像蝼蛄一样能够把疾走、游泳、飞行、挖洞和鸣叫集于一身的，可以说是绝无仅有。虽说它样样不精，难以获得单项冠军，但取得"五项全能"还是不在话下。

昆虫博物馆

高效的挖掘机

　　蝼蛄善于挖掘地洞，这主要是因为它有一双粗大的像一个大钉耙的前足。挖洞时，它先用前足把土掘松，然后用尖尖的头用劲往里钻，接着用坚硬而宽大的前胸把松土向四周挤压。就这样，一条条隧道便形成了。

　　它挖掘洞的速度也很快，一夜之间就能挖出一条两三米长的地洞，所以蝼蛄又被称为"高效的挖掘机"！

不高明的歌唱家

　　蝼蛄也会鸣叫，但会唱歌的只有雄蝼蛄。另外，也不是像蟋蟀和螽斯那样"摩翅而歌"，因为在地下，它只能发出沉闷的"咕咕"之声，这些不太动听的歌声是雄蝼蛄唱的情歌。沉默羞涩的蝼蛄姑娘常被这种歌声打动，然后慢慢地爬到雄蝼蛄身旁。

童年的快乐

每逢插秧季节，当农田被灌水之后，蝼蛄纷纷从地洞中逃出来。有的在水面上游泳，有的在田埂上疾走。这时，小朋友就会把它捉起来玩耍。

超有母爱的蝼蛄

蝼蛄妈妈对宝宝的安排格外周密。产卵前，它们把"房子"开凿成大肚子酒瓶的形状，这就是"产房"了。

之后，它们会搬运一些腐烂的杂草到"产房"里，将杂草均匀地铺在四周，并塞住"瓶口"。

一切准备好以后，它们也到产卵的时候了。产完卵后，蝼蛄爸爸就用泥土把所有出口都堵死，目的是保护卵宝宝和孵出的幼虫。

第八章

它们是害虫

"开天窗"者：

吊丝虫

小档案

吊丝虫又叫"小青虫"，一开始是深褐色，后来变成绿色，体长6毫米～7毫米，前后翅细长，缘毛很长。

吊丝虫蛀食菜叶，会在上面留下一个个小洞。发育成熟之后会变成小菜蛾，啃食菜叶。不论是吊丝虫，还是小菜蛾，都会严重威胁农作物的健康生长。

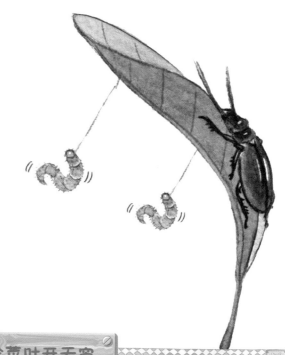

并不害怕农药

吊丝虫能给农作物造成重大伤害，并且有极强的抗药性。农业上常用的很多药物对它产生的效果很小，甚至完全无效。

给菜叶开天窗

吊丝虫可以潜入菜叶，蛀食叶肉，只留下菜叶表皮。有时，被它蛀食过的菜叶会留下一些透明的圆孔，俗称"天窗"。当破坏严重时，菜叶会被蛀成白纸膜那样。因此，吊丝虫对农作物的危害极大。

"脱尾"逃脱术

防止被捕食，衣鱼在休息时总是不停地摆动尾巴，诱使敌人将注意力集中到尾巴上。当尾巴被抓住后，分节的尾巴立刻断掉，它便会乘机逃脱。

挨饿高手：
衣鱼

小档案

衣鱼是一种较原始的无翅小昆虫。身体细长而扁平，足上有银灰色细鳞。怕光，常躲在黑暗的地方，白天很少出来觅食。

不挑食的好宝宝

衣鱼经常在旧书堆、衣服和纸糊的箱子中出没，甚至冰箱底部、浴室、墙壁缝内都可能有它的身影。衣服是它喜欢的美食，有时候它甚至连其他昆虫的尸体、自己蜕的皮也照吃不误。不过衣鱼挺能挨饿的，在没有食物的条件下可以存活300天。

预防之法

为了赶走衣鱼，可以在它的藏身之处放一颗稍微磨碎的土豆。晚上，它会钻进马铃薯大快朵颐。第二天，你再把土豆连同衣鱼一起丢掉。

放了很久的书也要记得拿出来在阳光下晒晒，不然衣鱼也会去的哦！

保持家里的干燥和整洁，衣鱼就不会来打扰你了。

第八章
它们是害虫

第九章
虫虫有绝招

在很多人眼里，很多昆虫因其诡异的出没、另类的外形被列为不太友好的存在，但撇开外表因素不说，事实上这些其貌不扬的小家伙，大多拥有着令其他动物、甚至人类自愧不如的"超能力"。

短暂的绚烂：
蜉蝣

小档案

蜉蝣体形细长，体长通常为3毫米～27毫米，触角短，复眼发达，中胸较大，腹部末端有一对很长的尾须。寿命很短，最短的蜉蝣只能活几个小时。

短暂的生命

在生活中，蜉蝣并不常见，但是在文学作品中，它出现的次数很多。蜉蝣是世界上生命最短暂的昆虫，经过一个晚上就会死去，人们又叫它"夜夜老"或"一夜老"。因此，文人墨客都喜欢用它来形容生命的短暂。

昆虫博物馆

文人喜爱的对象

自古以来，蜉蝣就是中国文人们心仪的对象。

《诗经·曹风》就唱过："蜉蝣之羽，衣裳楚楚……蜉蝣之翼，采采衣服。"人们把它们的羽翼同妇女的衣裙联系起来，像轻云舒卷，如嫩柳拂水。

《淮南子》记载："蚕食而不饮，二十二日而化；蝉饮而不食，三十日而蜕；蜉蝣不食不饮，三日而死。"这是对我们进行了科学上描述。

明朝李时珍在《本草纲目》里写到："蜉，水虫也……朝生暮死。"一句话就抓住了它的生态特征。

它的一生

蜉蝣的一生经历卵、若虫和成虫3个时期。雌蜉蝣把卵产在水中，卵孵化成若虫。蜉蝣在若虫期蜕皮，蜕皮时，它继续在水中生活，直到变成成虫。蜉蝣由若虫变成成虫需要1至3年，甚至5到6年的时间。变成成虫之后，雌蜉蝣会在几小时死去，而雄蜉蝣能活一到两天。

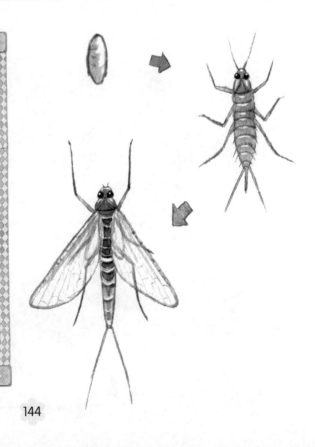

昆虫活化石

蜉蝣的发育方式被人们称为"不完全变态发育"。由于它具有很古老的身体结构，所以对它的研究能够帮助人们进一步了解从无翅昆虫到有翅昆虫的进化过程。因此，说蜉蝣是昆虫活化石，一点也不为过。

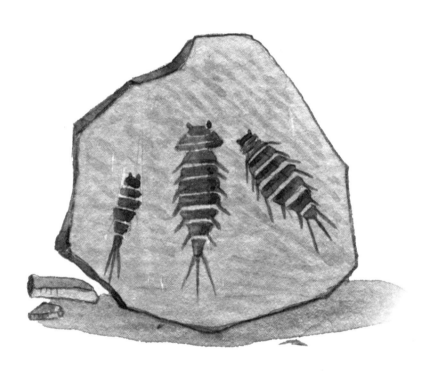

聚集奇观

2013年8月25日夜间，匈牙利多瑙河沿岸突现数百万只蜉蝣飞虫。弥漫在空气中的飞虫要么黏在行人的脸上，要么爬满车身。第二天清晨，只见地面上布满雄性蜉蝣飞虫的尸体，而其余的则在一夜之间消失不见。这种现象是近40年以来首次出现，令过往行人大为震惊。

用刀的高手：
螳螂

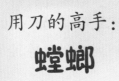

人类的益友

螳螂外形有些让人害怕，它雄赳赳气昂昂地挥舞着两把"大镰刀"，就像是在彰显自己强大的战斗力，其实它是很多农业害虫的重要天敌，是人类的益友。

小档案

螳螂又叫"刀螂"，是一种肉良性昆虫。身体多为绿色，不过也有褐色的，体长为5到10厘米。脑袋有一点特别，呈三角形，能灵活地转动。

残暴好斗

螳螂生性残暴好斗，饿得发慌时还会把同伴吃掉。有些螳螂还会攻击小鸟、蜥蜴或蛙类等小动物。

螳螂对食物很挑剔，只吃活的。它的捕食动作很敏捷，完成捕食只需要 0.01 秒。当它受惊时，就会振动翅膀，发出"沙沙沙"的声音，同时警戒起来。

伪装者

螳螂一般不会主动去追击猎物，而是摆出"祈祷"的造型等待猎物的到来。

它善于伪装自己，这样既可以躲避天敌，又可以在等候或接近猎物时不易被发现。伪装时，螳螂经常静止不动或者身体优雅地前后摆动，利用自身外形与周围环境相似的特点，诱骗猎物自投罗网。

第九章
虫虫有绝招

空中小飞龙：
蜻蜓

早有蜻蜓立上头

"小荷才露尖尖角，早有蜻蜓立上头"，这是古诗中对蜻蜓的描绘。

蜻蜓大多生活在有水的地方，它的幼虫在水中发育。人们常说的"蜻蜓点水"，其实就是蜻蜓在水中产卵。

小档案

蜻蜓体形较大，翅膀长而窄，膜质，上面还有非常清晰的网状翅脉。有单眼3个，视觉极为灵敏，口器是咀嚼式的，腹部细长，呈扁形或圆筒形。足细而弱，上有钩刺，可在空中飞行时捕捉害虫。

148

奇特的大眼睛

蜻蜓的眼睛又大又鼓，占据了头的绝大部分，是世界上眼睛最多的昆虫。它的眼睛是由一对复眼和几只单眼构成，每只复眼又由很多个小眼组成。

蜻蜓复眼上半部分的小眼专门负责看远处的物体，而下半部分的小眼专门负责看近处的物体。它的视力极好，还能向上、向下、向前、向后看而不必转头。

空中小飞龙

蜻蜓的飞行能力很强，是飞行时翅膀扇动次数最少、速度最快的昆虫。

蜂类的翅膀每秒扇动250次，飞行秒速是4.5米；苍蝇的翅膀每秒扇动100次，飞行秒速是4米；蜻蜓的翅膀每秒扇动38次，飞行秒速是9米。在捕捉小飞虫的时候，蜻蜓的速度更快。

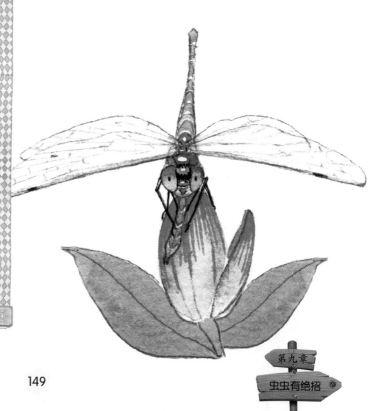

第九章

虫虫有绝招

跳高冠军：
沫蝉

小档案

叶子上怎么有好多白色的泡沫呢？如果拨开泡沫，你就会惊奇地发现里面居然躲藏着一只或几只小虫。那就是沫蝉。

自画像

沫蝉体长只有六毫米，颜色很朴素，保护色良好，所以不易被发现。它常分泌一种泡沫状的物质，所以它又被叫作"吹泡虫"。

沫蝉很小，生活在植物叶片上，是一种园林、农田的害虫。它靠吸食植物的汁液为生，常常分泌一种唾沫状的物质，使身体保持湿润以及免受敌害。

跳高冠军

成年后，沫蝉喜欢在寄主植物上蹦蹦跳跳。它一跳竟打破了"世界纪录"。有科学家通过研究发现，沫蝉的后腿就像一个弹弓，可以在极短的时间内释放出储存在后腿里的能量，跳跃到约 70 厘米的高处，这相当于人类跳 200 米那么高。相比于其他昆虫来说，沫蝉是当之无愧的跳高冠军。

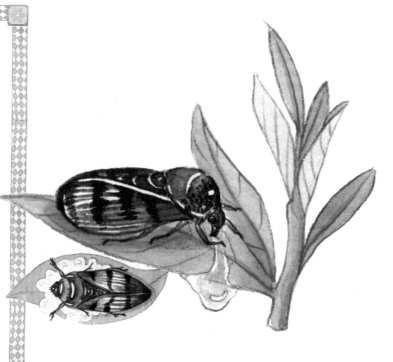

第九章

虫虫有绝招

151

伪装大师：
竹节虫

小档案

竹节虫有着模特般修长的身体，一般没有翅膀。当它的六足紧靠身体时，很像竹节或树枝。它有着典型的拟态保护色，能很好地隐藏在树叶或竹叶中。

还会变色

竹节虫多为深褐色，少数是绿色或暗绿色，而且这些颜色还能发生变化——高温、低温、暗光可使之变深，相反，则可以使之变浅。白天与黑夜体色也有些不同，这是节奏性体色变化。

高超的隐身术

　　竹节虫是世界上最出名的伪装大师之一，当它在树枝或竹枝上休息时，活像一根树枝或竹枝，让人很难分辨。另外，它受惊掉落在地上，还能装死不动。竹节虫这种以假乱真的本领，在生物学上叫"拟态"。

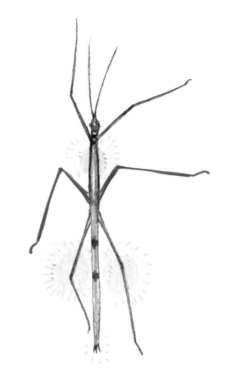

恐怖如我

　　竹节虫生活在森林或竹林中，喜欢啃食树叶或竹叶，偶尔也危害其他农作物。有的竹节虫还能分泌一种物质，这种物质能对食肉动物的眼睛产生强烈的刺激，甚至会造成受害者暂时性失明，十分可怕。

第九章

虫虫有绝招

亦正亦邪：

斑蝥

小档案

斑蝥又叫"西班牙苍蝇"，身体呈椭圆形，体长约2厘米，头及口器向下垂，触角多已脱落。斑蝥有很强的毒性，属剧毒昆虫。

危害农作物

斑蝥的身体能散发出特殊的臭气，和蚜虫、蝗虫一样，它能危害大豆、花生、棉花、瓜类等农作物的生长，但同时它又是一种大有用处的中药材。

重要的中药材

斑蝥是一种贵重的中药材。明代医学家李时珍在《本草纲目》中就有提到。现代科学研究表明，斑蝥对治疗皮肤病很有疗效。据说有一个身患牛皮癣的病人，花了几万元没能治愈，后来用斑蝥和酒精泡制的药酒先小面积涂抹，然后扩大外用，最后痊愈了。

身怀剧毒

斑蝥可以用来制药，也可用来炼制毒药。据说，在水或酒中加入少量的斑蝥粉末，人饮用后便会出现中毒症状，如神志不清、肝功能衰竭等，如抢救不及时，中毒者可能会死亡。因此，口服的斑蝥药一定要经过特殊处理，并控制好用量。

第九章

虫虫有绝招

图书在版编目（CIP）数据

昆虫博物馆 / 九色麓主编 . –– 南昌：二十一世纪出版社集团，2017.10
（奇趣百科馆；6）
ISBN 978-7-5568-2881-4

Ⅰ.①昆… Ⅱ.①九… Ⅲ.①昆虫–少儿读物 Ⅳ.① Q96–49

中国版本图书馆 CIP 数据核字 (2017) 第 170688 号

昆虫博物馆　　九色麓　主编

出 版 人	张秋林
编辑统筹	方　敏
责任编辑	刘长江
封面设计	李俏丹
出版发行	二十一世纪出版社（江西省南昌市子安路 75 号　330025）
	www.21cccc.com　cc21@163.net
印　　刷	江西宏达彩印有限公司
版　　次	2017 年 10 月第 1 版
印　　次	2017 年 10 月第 1 次印刷
开　　本	787mm×1092mm　1/16
印　　数	1–8,000 册
印　　张	9.75
字　　数	90 千字
书　　号	ISBN 978-7-5568-2881-4
定　　价	25.00 元

赣版权登字 –04–2017–683
（凡购本社图书，如有缺页、倒页、脱页，由发行公司负责退换。服务热线：0791–86512056）